# 新中國書籍裝幀藝術精萃

# 保中國書籍裝幀藝術精華

中国出版工作者协会装帧艺术委员会 编

安徽教育出版社

图书在版编目（CIP）数据

新中国书籍装帧艺术精萃／中国出版工作者协会装帧艺术委员会编 —合肥：安徽教育出版社，2000.5
ISBN 7-5336-2609-5

Ⅰ.新… Ⅱ.中… Ⅲ.图书—装帧—艺术
Ⅳ.TS881

中国版本图书馆CIP数据核字（2000）第61694号

总 策 划：黄书元
责任编辑：包云鸠
整体设计：包云鸠 黄 彦
技术编辑：吴丽君
责任校对：时舒敏

出版发行：安徽教育出版社（合肥市跃进路1号）
网 址：http：//www.ahep.com.cn
经 销：新华书店
制 版：深圳华新彩印制版有限公司
印 刷：深圳利丰雅高印刷有限公司
开 本：889 × 1194 1/16
印 张：11
版 次：2000年6月第1版 2000年6月第1次印刷
印 数：2 000
定 价：198.00元

---

# 人物介绍

Renwu Jieshao

钱君匋（1907～1998）

QIANJUNTAO

浙江省桐乡人。1923年入私立上海艺术师范学图画音乐。1927年任浙江艺专教授后历任上海开明书店音乐美术编辑并开始音乐创作，1939年任神州国光社编辑部主任，与巴金、靳以等创办文化生活出版社广东分社。主编《文艺新潮》。建国后任新音乐出版社总编、音乐出版社副总编、上海市政协委员、文联委员、书协上海分会名誉理事、美协上海分会常务理事、上海文史馆员、西泠印社副社长。1980年以来在北京、上海、长沙举办书画篆刻装帧展览，1986年后分别应美国、日本、新加坡、菲律宾等国及香港、澳门等地艺术院校之请前往讲学、举办展览。1987年先生将收藏的珍品4083件捐献给国家，并任浙江桐乡君匋艺术院院长。二三十年代鲁迅、叶圣陶、巴金、茅盾、郁达夫等人著作的封面设计不少出自钱先生之手。当时以“钱封面”之称饮誉文艺界。先生的音乐创作也与装帧同步，在我国新文艺运动中有其不可磨灭的贡献。是我国20世纪中继李叔同、丰子恺之后艺兼众美、才情卓越的艺术家之一。

曹辛之（1917～1995）

CAOXINZHI

江苏省宜兴人。1936年与友人创办文艺周刊《全民抗战》。解放前在国统区曾以“杭约赫”署名发表进步诗作。解放后一心扑在编辑和书籍装帧事业上，1959年主持设计的《苏加诺总统藏画集》获莱比锡国际书籍艺术展览金奖。是中国作家协会、中国美术家协会、中国书法家协会会员。历任中国版协装帧艺术研究会会长、装帧艺术委员会主任、人民美术出版社编审，1989年获新闻出版署和中国版协颁发的荣誉证书，1992年获中国延安文艺学会颁赠的“从事革命文艺工作五十周年纪念”奖牌，1993年获中国出版界最高奖誉的第三届韬奋出版奖。他是《九叶集》成员之一，该诗集为建国以后第一本带有流派性质的诗选，“九叶”被列入中国10大诗歌流派之一。出版有《曹辛之装帧艺术》、《最初的蜜》、《曲公印存》和发表在全国许多报刊上的装帧艺术论文，以及数以百计的装帧艺术作品，其中许多曾在历年展览评奖中获奖。

任　意（1925～1998）

RENYI

浙江省绍兴人。上海市政协委员、中国民主促进会上海市委委员、上海文史馆馆员、上海市文联委员、上海大学美术学院副院长、上海美术家协会插图装帧艺术委员会委员、上海美术家协会工艺美术委员会主任、美术教育家、设计家、教授。设计的作品有：《中国货币史》、《鸦片战争末期英军在长江下游的侵略罪行》。

邱　陵（1922～　　）

QIULING

河南省潢川人。1947年毕业于国立杭州艺术专科学校。1943年任联合国影闻宣传处美术干事，1945年在上海新出版业联营书店做装帧设计与宣传工作，1952年任首都人民英雄纪念碑兴建委设计处装帧副组长，1956年进中央工艺美术学院任教，三十余年历任讲师、副教授、教授、教学组长、教研室主任等职。1960年为中国美协会员、中国美协插图装帧艺委会委员、中国版协装帧艺委会副主任、培黎大学兼职教授。出版有《书籍艺术装帧简史》、《书籍装帧艺术史》、《书籍装帧设计知识》等。1990年参加中日装帧艺术展，并代表中国出版界与日本专家作学术交流活动，主讲《书法艺术与书籍艺术》，1988年任澳大利亚多元艺术研究院顾问。

张守义（1930～　　）

ZHANGSHOUYI

河北省平泉县人。1954年毕业于中央美术学院绘画系。

现任人民文学出版社编审。书籍装帧艺术家，兼任中国美术家协会理事、中国美术家协会插图装帧艺术委员会主任委员、中国出版工作者协会书籍装帧艺术委员会主任委员、中国版画家协会会员、中国出版科学研究所书籍装帧艺术研究中心主任研究员等职。

长期从事书籍装帧设计、插图创作和书籍装帧艺术理论研究工作。出版有《张守义外国文学插图集》、《插图艺术欣赏》等著作。装帧设计、插图创作多次获全国奖。中外作家肖像作品被世界各国作家纪念馆收藏。装帧设计、插图创作、作家肖像代表作品有:《茶花女》、《巴尔扎克全集》、《简·爱》、《悲惨世界》、鲁迅、歌德、托尔斯泰、泰戈尔、巴尔扎克、雨果等肖像。艺术成就载入《中国当代名人录》。

张慈中（1924～　　）

ZHANGCIZHONG

上海金山人。1950年参加工作，后在出版总署新华书店总管理处美术编辑室、人民出版社美术组、国家出版局和中国出版工作者协会装帧研究室、中国大百科全书出版社美术摄影编辑部任职。编审职称、享受政府特殊津贴。中国美术家协会会员、中国民主同盟盟员。1987年退休，现社会兼职：北京印刷学院顾问兼设计艺术系教授、北京广厦京港图文有限公司高级艺术顾问、文达特种精装工艺有限公司艺术顾问、奥林匹克出版社特约编辑和装帧艺术顾问。

## 丁　聪（1916～　）
DINGCONG

1945～1947年以“争民主”为题材在上海发表漫画。抗日战争时期从事画报编辑、舞台美术设计、艺术教育等。1949年后任《人民画报》副总编，1980年后从事文学书籍插图及漫画创作。1979年《读书》创刊起直到现在，为其漫画专栏作画没有中断。出版有《鲁迅小说插图》、《丁聪插图》、《四世同堂》、《骆驼祥子》、《二马》等众多作品插图；《丁聪漫画系列》、《中国漫画书系－丁聪卷》、《丁聪画册－漫画、插图、素描、速写、肖像、设计集》、《瞎操心》、《绘图双百喻》（与陈四益合作）；中、英、法、日文版的《古趣集》及中、英、日文版的《今趣集》等。现任中国美术家协会漫画艺术委员会主任。

## 王卓倩（1930～　）
WANGZHUOQIAN

女，山东省平阳县人，1953年毕业于中央美术学院实用美术系。人民邮电出版社编审、中国美术家协会插图装帧艺术委员会委员、中国出版工作者协会装帧艺术委员会顾问。作品《示波器原理与检修》封面获1986年第三届全国书籍装帧艺术展览一等奖；《快速傅立叶变换》、《光学纤维基础》封面获1980年全国书籍装帧艺术优秀作品奖。主要论文有《书的艺术》、《石蕴玉而山晖》、《封面的语言》和《书籍装帧的品位》等。主要艺术观点为：书籍设计要“质文并重”。创意是灵魂，创新是生命。书籍设计的基本品质是书卷气。

## 陈　新（1930～　）
CHENXIN

师承留日画家于赤叶，1949年进入天津出版社的前身知识书店，开始从事装帧设计工作，至今近五十年。1958年百花文艺出版社成立，和美编室同志一起开创了独具风格特色的百花书装，温馨典雅、轻快抒情，设计结构平实严谨。在60年代，曾获得广大读者和作家的好评，历届全国装帧艺术展，均有作品参展，《安徒生的故乡》等多次获奖。1989年，出版协会举办任意、张守义和陈新三人的装帧艺术展。对装帧艺术理论的探讨起步较早，60年代即有论文在报刊上发表，近年的论文，多次在版协举办的理论研讨会上获奖，并收入多种编辑学和装帧艺术论文集中。现为百花文艺出版社编审，享受国家津贴。中国美术家协会会员、中国出版协会书籍装帧艺术委员会顾问、中国版画家协会会员。

# 目 M u L 录 u

# 目录
MULU

# 目录

MULU

# 目录

MULU

# 目录

MULU

X u  序

# 序

xu

由中国出版工作者协会装帧艺术委员会编辑、安徽教育出版社出版的《新中国书籍装帧艺术精萃》是一部展现我国半个世纪以来装帧艺术成就的大型画册。它在中华人民共和国成立50周年和迎接21世纪到来的历史时刻问世，是很有意义的。

我国书籍出版历史悠久，在装帧上也不断发展变化。古代书籍有卷、册、篇、帙、函等，不同形式决定着不同的装法，从竹简发展到缣帛、卷轴、经折、蝴蝶、包背、线装等，各具特色，形成了我们民族的风格。五四新文化运动以后，书籍装帧形式有了新的发展，许多优秀的画家、作家都参加过书籍装帧设计工作，鲁迅先生把装帧看作书籍的重要组成部分，并且亲自动手设计，对我国书籍装帧艺术的发展做出了重要贡献。建国以来，在党的“百花齐放、百家争鸣、古为今用、洋为中用”方针指引下，装帧艺术出现了新的面貌。改革开放的国策推动了出版事业的快速发展，在装帧艺术领域涌现出一大批优秀作品。

党和政府对这一事业非常重视，1985年，中国出版工作者协会成立了全国性的装帧艺术组织——装帧艺术研究会。研究会办的第一件大事是举办第三届全国书籍装帧艺术展览和评奖。1996年研究会改名为艺术委员会后举办了全国第四届书籍装帧艺术展览和评奖。这次展览充分展示了书籍装帧艺术的繁荣和取得的辉煌成果。

对于书籍内容而言，装帧犹如人的衣裳。穿衣得体为好，形式服从内容是装帧设计工作者必须遵循的创作原则。所以，设计者首先要熟悉书的内容，把握内容的灵魂，在此基础上构思，寻找准确而生动的设计语言，如采取怎样的手法、形式、格调，使用什么材料，如何揭示图书主题等，这是很见设计者功底的劳动。思想功底、知识功底、生活功底、艺术功底及由此形成的审美格调是鉴别装帧设计家水平高下的标志。

书籍装帧艺术和其他造型艺术一样，应该在时代感和民族性上下功夫，离开这两条，中国图书就难以真正走向世界。艺术是时代的产物，应该随着时代的脉搏跳动。要想让我们的图书具有世界性，首先应具有民族性，所有的文学巨著和艺术精品都是这一真理的佐证。中国图书应该体现中国装帧设计独特的艺术气派，由此形成个性和魅力。

随着知识经济时代的到来，图书出版事业将遇到更新的挑战。提高图书质量是出版工作者的永恒主题。作为装帧设计者，应该把装帧设计看成是崇高的事业，对这项事业充满热情，不断提高知识素养、精通出版业务、拓宽审美眼界、保持创作活力，随着新世纪的到来，创作出更多的具有时代气息和民族气魄的优秀装帧艺术品。

中华人民共和国新闻出版署署长

于友先 1999.3.

# PREFACE

XU

*The Essence of New China's Bookbinding & Layout,* edited by the Binding & Layout Committee of the Association of Publication Workers of China and published by Anhui Education Press, is a large album of paintings. It unfolds, before the reader's eyes, China's achievements in the field of binding & layout in the past half century. It is of great significance to publish the book at the historic moment of the $50^{th}$ anniversary of the founding of the PRC and the coming of the $21^{st}$ century.

Our country has a long history in the publication of books and bookbinding & layout has undergone constant changes. The ancient books ranged, in form, from scroll, pamphlet, sheet, cloth slip - case to envelope, which resulted in different ways of bookbinding, such as bamboo slip, fine silk, scroll, folded sheet, butterfly (a kind of unsewn binding), wrapped - ridge and traditional thread binding. All of those have their own characteristics.Now bookbinding has formed our own national style.Since May 4th Movement , bookbinding & layout has experienced constant changes.Many outstanding painters and writers have participated in bookbinding design. Lu Xun,regarding it as an important part of books, made great contribution to the development of bookbinding & layout in China. He even did some bookbindings by himself . Since the founding of the PRC,under the guidance of the CPU's principles for literature and art, i.e."Let a hundred flowers blossom and a hundred schools of thought contend" and "Make the past serve the present and make foreign things serve China", binding & layout art has taken on a new look. The national policy of reformation and opening has greatly promoted the development of our publication. Large numbers of excellent works have emerged in the field of binding & layout art.

Our Party and government attach great importance to the cause. In 1985 the Association of Publication Workers of China founded the first national organization of binding & layout art called Bookbinding & Layout Arts Research Institute. After foundation the first thing the organization did was to hold the Third Exhibition of Binding & Layout Art and decide on awards through discussion. In 1996 the institute was renamed the Bookbinding & Layout Arts Committee. Then the new committee held the Fourth Exhibition of Binding & Layout Art and awarded the prize. The exhibition fully showed the prosperity and the brilliant achievements of the bookbinding & layout art.

Binding & layout is to the content of the book what clothes is to the man. Just as it is good for a person to dress properly, it is always necessary for a binding & layout designer to abide by the creation principle, namely, "Forms are subordinated to their contents".So first of all, the designer should know the content of the book and grasp the gist of the content, which should be the basis of his creation.Then he is to set on looking for lively and appropriate designing language, for instance which method, form and style to adopt, which material to use and how to reveal the theme of the book. His creativity will manifest itself in his choice. So a designer is judged by his thought, learning, life experience, command of art and his aesthetic taste built on these factors.

Like other designing art, bookbinding & layout art should focus on the times and nation characteristics. Without these characteristics, it will be difficult for China's books to be accepted by foreign readers. Art, the product of the times, should always keep pace with the times. All literary masterpieces and arts essences have testified to the fact that to have the world characteristics is to have national characteristics first. China's books should possess its unique artistic style and charm.

With the coming of the intellectual-oriented economy, book-publishing cause will face new challenges. It should be the eternal request for publication workers to improve the quality of books. A binding & layout designer should think of his work as a great cause, embark on it with great enthusiasm, cultivate his own ability, get proficient in professional work, broaden the horizon of his aesthetic taste maintain creative vitality and produce more and more excellent works of the times and national characteristics to meet the new century.

Yu Youxian,
the chief of The Publication Administration of the PRC
March, 1999

# 新中国书籍装帧艺术五十年

Xinzhongguo Shuji Zhuangzheng Yishu Wushinian

# 新中国书籍装帧艺术50年

邓中和

1999年10月，举国欢庆新中国成立50周年之际，第五届全国书籍装帧艺术展览在北京隆重开幕。这次展览规模之大，参展作品水平之高，都是空前的。金色的秋天，是收获的季节，我国的书籍装帧工作者以自己丰硕的艺术成果，向祖国和人民献上了一份丰厚的礼品。

改革开放20年来，出版事业的蓬勃发展，为人民提供了丰富的精神食粮。我国的装帧艺术家们用他们的艺术才华，把读者书架上的书籍打扮得越来越漂亮。书籍的精美装帧不但美化了书籍本身，满足了读者的审美需求，而且陶冶着人们的情操。精美的装帧，甚至让人们在审美愉悦中，在得到审美享受的同时，还能得到精神鼓舞。如今，当我们漫步在充满文化气息的书店中，浏览一本本装帧精美的图书，便会从琳琅满目的精美装帧中，感受到我国经济的发展、社会的进步、文化艺术的繁荣。

新中国成立以来的50年，是我国出版事业发展的50年，也是我国的书籍装帧艺术不断进步的50年。

## 新中国装帧事业的创建（1949-1958）

1949年新中国成立，中国人民站起来了。中国的出版事业开始出现了崭新的面貌，为我国书籍装帧艺术开拓了广阔的前景。

新中国成立后，百废待兴，国家正处于国民经济恢复时期。党和政府十分重视出版事业，1950年党中央召开了第一届全国出版会议，确定了发展出版事业的方针，明确了我国出版事业的发展方向。50年代初，国家成立了出版总署，统一领导出版、印制和发行，实际上由新华书店管理。据记载："在当时的新华书店之下，有一个专门从事装帧设计及插图绘制的机构，即以邹雅为首的美术组。那里集中了一批对后来装帧界颇有影响的设计家、插图画家及专门从事字体设计的专家。"(引自邱陵编著《书籍装帧艺术史》，重庆出版社1990年版，第115页。）不久，相继成立了人民出版社、人民文学出版社、人民音乐出版社、人民美术出版社等中央级的出版社，商务印书馆、中华书局也由上海迁往北京。同时，还成立了外文出版社、民族出版社、中国青年出版社、中国少年儿童出版社。新中国的出版事业以崭新的姿态，迎接我国第一个五年计划的到来。

随着新中国出版系统的初步建立，出版任务的增加，装帧设计也受到了重视，并逐步走向正规。1. 各个出版社分别成立了美术编辑室、美术组、设计室，负责完成出版社内的书籍装帧设计任务；逐步形成了出版社内设美编室或设计室，在社长、总编领导下配合文字编辑完成书籍的装帧设计任务的体制。2. 在原来各个书局、书店、出版社的美术人员的基础上，一批从解放区来的美术干部和美术学院的毕业生，充实到出版社的装帧设计队伍中来，初步建立了新中国的装帧设计队伍。3.开始探索并初步形成了新中国装帧艺术的风格。

50年代的装帧艺术，可以这样概括：1. 随着人民的解放，新中国装帧艺术以崭新的姿态展现在读者面前。这个期间的封面，运用了大量的使人振奋的、热烈而庄重的设计形式，许多封面都充满了火热的革命热情。1951年版《毛泽东选集》第一卷的封面设计，简洁而庄重，表现出了群众对人民领袖的感情。这是一件极富代表性的作品，得到了有关领导、装帧界和广大读者的好评。这个时期，许多书籍的封面大量运用了五角星和镰刀斧头等图案，在字体的运用上大部分是严整的字体，色彩庄重，表现了书籍严肃的革命内容。2. 在设计风格上，主要表现为装饰手法与写实手法并存。装饰手法，除了选用象征革命的符号以外，图案一般选用的大都是民族图案和少量的古典的欧洲图案；写实手法，往往是设计者自己画一幅或选用一幅写实风格的绘画。从当时封面上绘画作品的风格看，明显受到了前苏联及东欧宣传画的影响。3. 这个时期的装帧艺术，存在设计形式简单化、公式化的倾向。如：红星、镰刀、斧头、橄榄枝、橡树叶等一些被认为是象征革命的符号，几乎成为了封面设计的公式，因此封面显得过于单调，缺乏艺术性。4.封面的印刷，基本是铅印，一般不超过3个颜色。

这个时期的装帧的最大特征，就是新中国的装帧工作者以“庄重、质朴而热烈的”形式，表达他们对新中国的拥护。这种政治热情是极为真诚的，装帧家们真诚的心灵使这个时期的封面充满了革命的神圣感。这个时期的封面，总体上呈现出的是一种庄重、简约、质朴的美感。由于新中国刚刚成立，装帧艺术受到相对落后的生产水平的制约，装帧材料与印制水平还相当的低下。另外，由于当时我国的装帧工作者对装帧艺术的理解还比较肤浅，也使当时的封面设计受到了局限。这个时期，虽然出现了一些比较优秀的作品，但相当数量的封面，缺少对艺术意味的追求，设计形式显得过于简单。

1958年冬，文化部出版局下发了《关于举办全国书籍装帧插图展览会的通知》。通知指出：“书籍的装帧插图，是民族文化的组成部分。因此，出版社除了必须首先注意书籍的内容质量之外，还应重视装帧插图工作，使书籍的思想内容和艺术形式构成完美的统一。”新中国成立以后，“我国书籍的装帧插图水平，在出版社和美术工作者的相互合作共同努力下，有了一定的提高。部分书籍的艺术设计，已注意到形式必须与内容一致的原则和民族传统的继承问题，出现了一批比较好的封面和文学著作的插图”。同时也指出了“有相当多的封面，或者没有经过设计的，或者千篇一律的单调乏味的图案和色彩”。这些话基本上概括了50年代中国装帧艺术的面貌，并为中国装帧今后的发展规范了框架。

1949年至1958年，是新中国书籍装帧事业的初创时期。这个时期我国的装帧艺术得到了国家的重视与关怀，为我国今后书籍装帧艺术的发展奠定了基础。

1959年举办的全国书籍装帧插图展览，展示了新中国成立10年装帧艺术的成果，是新中国装帧艺术的第一次总结。

### 中国装帧艺术的初步繁荣（1959-1965）

1959-1965年，随着新中国的经济发展，我国的出版事业取得了很大成绩。尽管在这个历史时期中存在着政治运动中的“左”的干扰，使装帧艺术的发展造成波折，但是从整体上看，我国的书籍装帧艺术在“百花齐放、百家争鸣”双百文艺方针的指引下，装帧艺术在这个时期呈现出了繁荣向上的景象。

这是新中国装帧史上的第一次繁荣，虽然这次繁荣受到了历史条件的限制。但这次繁荣，为我们留下了一批难以忘怀的好作品。如《楚辞集注》、《曲艺论集》、《李有才板话》、《五月端阳》、《青春之歌》、《红岩》、《一镐渠》、《海誓》、《四世同堂》、《安徒生童话》等等，这些作品，对后来中国装帧艺术的风格走向和设计起了很大的影响。

这个时期的书籍装帧的艺术特征，主要表现在：1.摆脱了新中国成立初期封面设计简单化、公式化的倾向，开始注重封面设计的艺术性。2.政治读物的封面设计，不再是镰刀、斧头等图案的简单运用，开始探索用庄重的形式意味表达严肃的书籍内容。3.革命的文学作品的封面，也开始用革命的现实主义与革命的浪漫主义的表现手法，创造了一批成功的作品。4.在传统文化内容书籍的封面设计中，成功地把民族图饰纹样与温文尔雅的创意理念完美地融合在一起。这种模式在相当长的时期成为了中国装帧艺术的范型。5.封面的印制，一般采用铜锌版铅印形式。这种限定在三四个颜色之内的铅印方法，许多装帧家运用得十分出色，成为这个时期装帧艺术重要的特色。这时只有少量封面采用胶印形式。

这个时期，是新中国装帧艺术在不断探索中走向成熟的时期。这种探索与成熟主要表现在：1.对中华民族文化艺术传统精神的继承。新中国的书籍装帧要在中国土地上成长，要为中国读者所喜爱，就离不开本民族的文化艺术精神。装帧家们在摆脱了政治口号式的设计形式之后，成功地从本民族的文化艺术精神中吸取了营养。2.成功地继承了解放区的美术创作精神，并发扬了五四新文化以来以鲁迅为首倡导的装帧文化。新中国装帧队伍中，有一批从解放区来的美术工作者，还有一批在鲁迅影响下成长起来的装帧艺术家，这两批人对新中国成立后装帧风格的形成起到了很大的作用。3.形成了热情而庄重、和谐而稳重，既有激情又温文尔雅的总体风格。这种风格既包含着中华民族的审美理想，也显现出欣欣向荣的新中国的时代风采。4.整体设计开始受到关注。一些装帧家提出了整体设计的观念。

随着装帧艺术创作的繁荣，我国第一部《书籍装帧艺术简史》诞生了。这本著作虽然只是中央工艺美术学院教授邱陵先生为书籍装帧专业编写的教材，但是，这本教材第一次全面、系统地从装帧艺术学的角度，记述了中国书籍装帧艺术的历史，是我国装帧艺术研究的重要学术成果。这本著作的诞生，反映出我国装帧家对书籍装帧艺术的全面关注。这本教材的传播，对我国当时的书籍装帧艺术发展起到了重要的推动作用。

1959–1965年中国的书籍装帧艺术成就，为我国后来的书籍装帧艺术发展打下了坚实的基础。

### 装帧艺术的残冬与装帧艺术的春天(1966–1989)

1966年至1976年的十年浩劫，中国的书籍装帧艺术也遭受了一场大的磨难。新中国成立以来17年的文化成就被污蔑为“毒草”，除了马、恩、列、斯的著作和毛主席著作以外，几乎没有其他书籍出版。这个时期中国的书籍装帧，塑料皮的“红宝书”形成了全中国书籍封面的“红海洋”。“革命样板戏”图书的封面，只能是“高、大、全”的英雄的剧照。在这个中国特殊的“火红的年代”里，中国的装帧艺术几乎是一片空白。

残冬过后，中国装帧艺术迎来的是一个阳光明媚、生机勃勃的春天。

1976年粉碎“四人帮”之后，1977年国家出版局立即召开了书籍装帧工作座谈会。会议指出：十年动乱，致使我国书籍装帧艺术大大落后于国际水平。会议呼吁一定要摆脱十年浩劫的影响，把装帧设计从思想禁锢中解放出来。1978年党的十一届三中全会的召开，改革开放的春风，极大地推动了书籍装帧艺术的发展。随着国门的打开，频繁的国际图书贸易活动和各种国际书展，使我国装帧工作者大开眼界，他们发现发达国家的图书竟是如此精美，他们感到震惊。于是，他们开始了对我国装帧艺术的思索与探索，开始了向国外优秀设计形式的学习与借鉴，开始了为振兴中国装帧艺术而奋斗。

这个时期，装帧界的思想非常活跃，充满了探索精神。表现在：1.解放思想，突破清规戒律。过去在“左”的思想笼罩下，把艺术家对“形式美”的追求视为不轨，曾经大张旗鼓地反对“唯美主义”，“美”几乎成为资产阶级审美趣味的代名词，极大地遏制了装帧设计工作者的艺术追求。这个时期书籍装帧的最大特征，就是冲破“左”的思想禁锢，集中表现为对书籍装帧中的“美”的探索与追求。2.如饥似渴地学习国外装帧设计的艺术形式。这是长期的文化禁锢一旦被冲破之后必然出现的现象。我国的装帧工作者，开始在设计中学习国外装帧中的那种浓烈的色彩；在封面的图形设计上，开始借鉴国外装帧中的那种图形所产生的张力；在色彩与图案的运用上，开始追求视觉的冲击力。他们在竭力学习国外装帧设计形式的同时，也对中国传统的书籍装帧色彩与形式进行了反思，这种反思集中表现为对长期以来中国书籍封面“灰淡”色彩的否定，他们对过去中国装帧一成不变的“程式化”设计方式和“灰淡”的色彩表示出强烈的不满，并由此引发了一场关于“书卷气”问题的争论。3.思想活跃，观点鲜明，争论激烈，成为这个时期中国装帧艺术学术思想的特征。关于装帧的商品性与艺术性，以及装帧的书卷气与广告性问题的激烈争论，促进了装帧工作者对中国书籍装帧艺术的深入思考。

这是一个充满了勃勃生机与思想震荡的时期，是一个充满探索精神、让人兴奋的时期，在装帧界发生了许多令人难忘的大事。

1979年我国举办了第二届全国书籍装帧艺术展览。这个展览距粉碎“四人帮”之后仅仅3年时间，但展览上的作品已经让人感到了耳目一新。展出的作品充分反映了国门打开初期我国装帧艺术家的精神面貌。《论指挥》的封面，全黑的色彩立即引起了当时社会的注目。中国书籍封面经历了10年的“红海洋”之后，无疑“黑色”封面具有特殊的非凡意义，因此被评论家称为“封面色彩的历史性突破”。《总统先生》封面中充满“洋味”的人物造型与形式意味，典型反映了设计家对时代审美的敏感；《新波版画集》、《伟大的道路》、《根》等作品都是以形式美的魅力，弹拨出了新时期中国书籍装帧的崭新旋律。这是装帧艺术家心中被压抑已久的创作热情的喷发，是设计家心中久被束缚的艺术创造力的一次大解放。此时，中国的装帧艺术家心情无比舒畅，开始了他们为中国书籍装帧艺术走向辉煌的大进军。

1984年邱陵先生的《书籍装帧艺术简史》正式出版了。《书籍装帧艺术简史》出版的意义，不仅填补了中国装帧史论的空白，更重要的是标志着装帧艺术作为一种独立的艺术学科，从学术上确立了存在的地位。

肯定这个时期的作品充满探索精神的同时，也要指出这个时期有相当一批作品在学习国外设计形式时表现得十分幼稚。一些作品只是简单地照搬国外表面的设计形式，生搬硬套到中国的封面上，看起来显得不伦不类。不加分析地学习西方，否定民族文化传统，造成了一些封面表面上的花花绿绿，而缺乏深邃的文化内涵。

1986年举办了第三届全国书籍装帧艺术展览，以《神曲》、《祭红》、《走向未来丛书》以及科技图书《固体脉冲电路》等封面设计为代表，把我国的书籍装帧水平提升到了一个新的层次。这些作品，无论在设计形式意味的追求上，还是在对国外设计形式的借鉴上；无论是在对装帧整体美的追求上，还是在对装帧艺术内涵的理解上，都显得比第二届全国书籍装帧展览的作品要成熟了许多。具体表现在：1.形式美感的苏醒。装帧家开始把形式意味创造，大胆运用于书籍装帧设计。当时，美术界关于“形式美”的大讨论，无疑对装帧艺术产生了直接的影响。所谓“纯形式主义”，过去曾被作为离经叛道的艺术思潮屡遭批判，严重禁锢了人们对美的创造力。随着美术界对“形式美”的讨论，装帧家们也开始在书籍装帧中，明确地表达他们对“形式本身就是内容”的理解。他们成功地运用了“纯形式美”的设计手段，创造出了别开生面的作品，赢得了人们的一片喝彩。2.在对国外装帧艺术设计形式的吸收与借鉴上，不是停留在“表面形式”的抄袭上，而是注意把国外装帧形式中的那种浓烈的色彩、令人振奋的视觉冲击力、奔放的热情融入到我国“温文尔雅”的书籍装帧设计中来，使我们从这些作品的形式与色彩中，感到了中国书籍装帧艺术注入的新生命。

当然，这个时期的装帧也存在一些不足之处，主要是：1.由于图书市场的浮躁，对当时的书籍装帧产生了一定的不良影响，不少封面设计表面花哨，缺乏文化艺术内涵。2.在借鉴与吸收国外装帧形式时，存在着生搬硬套的照抄现象。3.由于受经济发展的制约，装帧的材料和印制水平还比较落后，影响了书籍装帧的精美程度。4.设计精美的书籍，在当时的全国图书市场上所占的比例还比较小。

### 创造时代美感　走向新的辉煌（1989–1999）

1989年至1999年的10年，是中国的书籍装帧艺术逐步走向成熟的10年，是中国书籍装帧艺术走向辉煌的10年。

中国的装帧工作者为了中国辉煌的装帧之梦，经过苦苦地探索，逐渐走向成熟。他们对书籍装帧的“商品属性”与“文化属性”问题、装帧艺术的“从属性”与“独立性”问题、装帧的“书卷气”与“广告气”问题、借鉴国外设计形式与继承民族传统等问题的理解，经过多年的设计实践和理论探讨，大家的认识逐渐地趋于一致。装帧设计的理念也在不断升华。随着我国经济的发展和出版事业的繁荣，极大地推动了装帧艺术的设计实践，把我国的装帧设计推上了一个新的水平。

1995年举办了第四届全国装帧艺术展览，在全国引起了很大的轰动。这次展览涌现出了一批引人注目的优秀作品。《中国民间美术全集》和《中国历代诗歌别裁集》的装帧设计，以整体形式的美感，震撼了人们的心灵。《马王堆汉墓文物》、《三国韬略》等作品，将浓郁的民族传统文化融入到现代装帧设计之中，使现代美与传统美巧妙地结合在一起。《中外装帧艺术论文集》、《东西方文化评论》等作品，以图形产生的视觉张力，让人感到赏心悦目。《民间剪纸精品鉴赏》、《中国民间美术图说》等作品，让我们看到了装帧家在现代装帧中追寻的那种返璞归真的美，装帧正是在这返璞归真的美感中，闪耀着民族之魂。《装饰工程设计施工预算实用手册》、《摩托车维修图解手册》等科技图书，以现代美和科技美的魅力征服了人们的心灵。

装帧艺术实践取得了丰硕的成果，同时，中国的书籍装帧的学术思想也极为活跃。1996年第三届全国书籍装帧艺术论文暨研究成果评奖活动，标志着我国书籍装帧艺术的学术研究也越来越深入了。

这个时期的书籍装帧艺术发展很快，呈现出一种新的趋势。这种装帧设计观念的升华，突出表现在以下几个方面：1.强调装帧设计的艺术性，并出现了一批艺术品位较高的作品。这种对装帧“艺术性”的关注，在装帧界产生了普遍影响。2.强调装帧的整体设计。把装帧美感提升到了一个包括封面、环衬、扉页、内文版式、封底设计的全方位的动态系统；开始把装帧艺术视为一个多层次、多侧面、多因素的、动态的系统工程。3.强调书籍的美感不仅是视觉的，而且与触觉等诸因素有密切关系。因此，材料设计、装订工艺受到空前的重视。封面材料的“特种纸”现象悄然兴起。

第四届全国装帧艺术展览之后，我国的装帧艺术呈现出一派生机。如果说，过去的一些优秀的装帧设计主要集中在少数精品图书、重点图书的话，随着出版的繁荣，我国出版的图书书籍装帧水平普遍得到了提高，装帧设计受到了空前的重视。1995年之后，装帧理论的研讨活动异常活跃，以《新闻出版报》“装帧艺术”版“焦点话题”专栏为代表，对人们所关心的有关书籍装帧艺术的热点问题展开了热烈的讨论，不但涉及封面、封底、环衬、正文版式的设计规律，而且涉及到装帧的时代的审美时尚、社会的审美需求、装帧设计的民族性与对国外设计形式的借鉴等一系列的深层次的问题。热烈而深入的讨论，不但启发着装帧设计者的艺术思维，而且引起了出版社广大编辑的关注，促进了编辑对装帧艺术的理解。与此同时，从事装帧设计的设计公司、装帧设计工作室纷纷成立，如雨后春笋，成为我国书籍装帧的重要生力军。

# 新中国书籍装帧艺术50年

邓中和

1999年10月举办了第五届全国书籍装帧艺术展览。中国出版工作者协会装帧艺术委员会、中国美术家协会插图装帧艺术委员会主任张守义指出："这届全国书籍装帧艺术展览，最大的特点是'三多'。第一是参展的作品多。因为本届展览是在全国各省市分展区书籍装帧展览的基础上举办的，所以本届展览（包括省市分展）参展的作品之多、作品之广是前所未有的。第二是优秀的作品多。优秀作品面大，反映了我国装帧设计水平的普遍提高。第三是青年设计家的优秀作品多。反映出了我国的书籍装帧事业后继有人、欣欣向荣的大好局面。"第五届全国书籍装帧艺术展览是当代中国书籍装帧艺术的一次大检阅。1999年中国的装帧艺术表现出了空前的魅力，这种魅力体现出了如下特征：

一、精美的书籍装帧，注入了设计家炽热的情感。这届书籍装帧艺术展览获得金奖、银奖、铜奖的作品十分引人注目。《北京画院秘藏齐白石精品集》、《晋商城宅》、《中国急腹症治疗学》、《世界军事名人邮票800枚》、《聆听西藏》等作品的一个共同特征，就是将富于时代感的创意和深邃的文化内涵与精美的印制工艺完美地融合在一起。观看获奖作品之后，感到一种心灵的震撼。这些作品之所以激动人心，是设计家将绝妙的构思和超乎寻常的形与色酿造出特有的魅力。美，产生于心灵；从某种意义讲，装帧设计是心灵的艺术。他们的成功就在于设计家将炽热的情感全部灌注到了书籍的形态之中。如果没有炽热的情感，就创作不出这样征服人心的好作品。设计家的炽热的情感，转化成了书籍形态，而形态的魅力又为我们带来了无比的精神愉悦。

二、装帧设计观念的升华。精美的作品，产生于设计家的创意，而创意来源于不断升华的设计观念。第五届全国书籍装帧艺术展览展出的优秀装帧作品，它们的美感与魅力已不仅表现在"封面"设计构成的创新上，更重要的是表现在书籍装帧设计观念的升华上。装帧设计观念的升华是中国装帧艺术的根本进步，它不仅带动了装帧家对装帧美感的深刻理解，更重要的是有力地推动了装帧设计实践的全面深入。这届装帧展的优秀作品大部分都是装帧理念升华之后的代表作，它们的成功，标志着当代的中国装帧艺术的设计观念已超越了"封面设计"的狭隘观念，升华为对书籍装帧美感的全方位的、更加深刻的理解。我们注意一下作品就会发现，几乎所有的优秀作品的美感魅力都是在设计创意、材料设计、装帧工艺上全方位展开的。《资治通鉴》、《当代湖南作家作品选》等优秀的装帧作品已经向人们表明，当今书籍装帧美感的魅力，已从"封面"表层的美感，深入到书脊、封底、正文版式设计的整个统一的美感的全方位营造。在今天装帧家的心目中，装帧设计已经成为了一个立体的、多侧面的、多层次的、多因素的系统工程。

三、对文化内涵的关注，装帧艺术的精神飞跃。当代我国书籍装帧作品表现出的又一个特征，是设计家们对于书籍装帧文化内涵的追逐。我们从《中国老字号》、《冯骥才名篇文库》、《尹肇之诗集》、《中国学家访谈丛书》、《中国少年人物大辞典》等作品的形式意味中看到了深邃的中华民族的文化精神。这些作品讲究装帧的设计品位，讲究表达形色之间的神韵，在书卷的气韵之中显现着中华民族特有的审美趣味。读者又怎能不被作品中洋溢的这种博大精深的民族文化精神所感染呢？这说明了我们的装帧工作者，在经过前些年狂热学习借鉴西方装帧艺术形式之后，对装帧文化的一种反思。这种民族传统文化精神的回归，标志着中国装帧界、尤其是广大中青年装帧工作者，对中国民族传统文化的价值有了新的再认识。

《中央工艺美术学院艺术设计》、《临床骨科学》、《汉语语言文字信息处理》表达了另一种艺术理念，这些作品既有中国气派，又有几分“洋味”，因此颇具现代美感。他们成功地将西方艺术的浓烈色彩、充满动感的视觉冲击力以及狂放的艺术创造精神，借鉴到中国的书籍装帧艺术中来，使得整个封面清新明快，富于生机勃勃的活力。实践证明，他们的探索是成功的，他们将国外优秀的艺术精神融入到了中国的装帧艺术之中，为我国的书籍装帧艺术注入了新的生命。

越来越注重文化内涵，成为当今中国装帧艺术的一个重要发展趋势。这正是1999年举办的第五届书籍装帧艺术展览优秀作品的魅力所在。我们的装帧家已经从关注书籍装帧的外在的整体之美，升华为对书籍形态的形与色之外的“形而上”的文化精神的追求。

四、驾驭时代的精神。每一个时代，有每一个时代的美。努力在装帧设计中把握时代精神，已经成为当代中国装帧家艺术追求的大趋向。美是发展的，装帧的美感也随着时代的进步而发展变化。每个时代有每个时代的审美理想，每个时代有每个时代的审美精神。第五届全国书籍装帧艺术展览展出的优秀作品的又一个特征，就是充分把握住了我们的时代精神。

《世界艺术大师——毕加索》、《日本著名建筑事务所代表作品集》、《近代中国的思想历程》等作品都很有代表性。作品对时代精神的驾驭，集中体现在创意的时代感、设计手段的时代感、装帧材料的时代感、印制工艺的时代感四个方面。在现实生活中，人们总是把能体现前进的时代精神的艺术形式看作美的，人们从时代的进步中观照到了自身的本质力量。第五届全国装帧艺术展览的优秀作品，之所以振奋人心，就是在作品中展现出了我们时代的精神，表现出了装帧家们对时代的审美趋向的感悟与把握。

五、电脑作为设计工具和手段被普遍采用。电脑对装帧艺术的介入，为装帧艺术增添了高科技的美感。无疑，这种“高科技的美”成为了装帧艺术现代美感的重要因素。电脑为设计家们随心所欲地酿造形式意味，任意制造他们预想的或预想不到的画面效果提供了一个前所未有的得心应手的工具。虽然，电脑的神奇也为低能儿的偷懒提供了方便，造成了电脑符号在封面设计上的泛滥。但是，我们绝不能因此否定电脑为书籍装帧艺术带来的革命，电脑确实促进了中国书籍装帧艺术的发展。这次展出的绝大部分装帧作品都是用电脑设计的，装帧家们利用这个高科技手段设计出了很多高品位、高格调的作品。

近年来，中国书籍装帧艺术理论的学术研究不断深入，空前活跃，并取得了丰硕的成果。《中国当代装帧艺术论文集》、《装帧艺术新论》及一批装帧艺术的学术专著，纷纷问世。当代中国书籍装帧艺术的繁荣，极大地促进了中国装帧理论的发展；而活跃的装帧理论研究的氛围，同样极大地促进了当代中国装帧艺术实践的提高。

新中国的书籍装帧艺术，50年来经过几代装帧工作者的辛勤耕耘，正在走向辉煌。

中国出版工作者协会副主席卢玉忆在第五届书籍装帧艺术展览新闻发布会上指出：“近年来，随着出版事业的繁荣，中国书籍装帧艺术得到了很大的发展，书籍装帧越来越受到重视。书籍装帧艺术为中国出版事业的繁荣立下了汗马功劳。当代的中国书籍装帧应该在中国现代出版史上书上一笔。”

中国的装帧艺术的未来是大有希望的。中国的书籍装帧艺术必将对中国的出版事业做出更大贡献。展望中国的书籍装帧艺术的未来，我们充满信心。随着中国经济的腾飞，中国的书籍装帧艺术必将迎来更加灿烂、辉煌的明天。

邓中和

2000年1月26日

装 帧 张光宇
书 名 屈 原
出版者 人民文学出版社

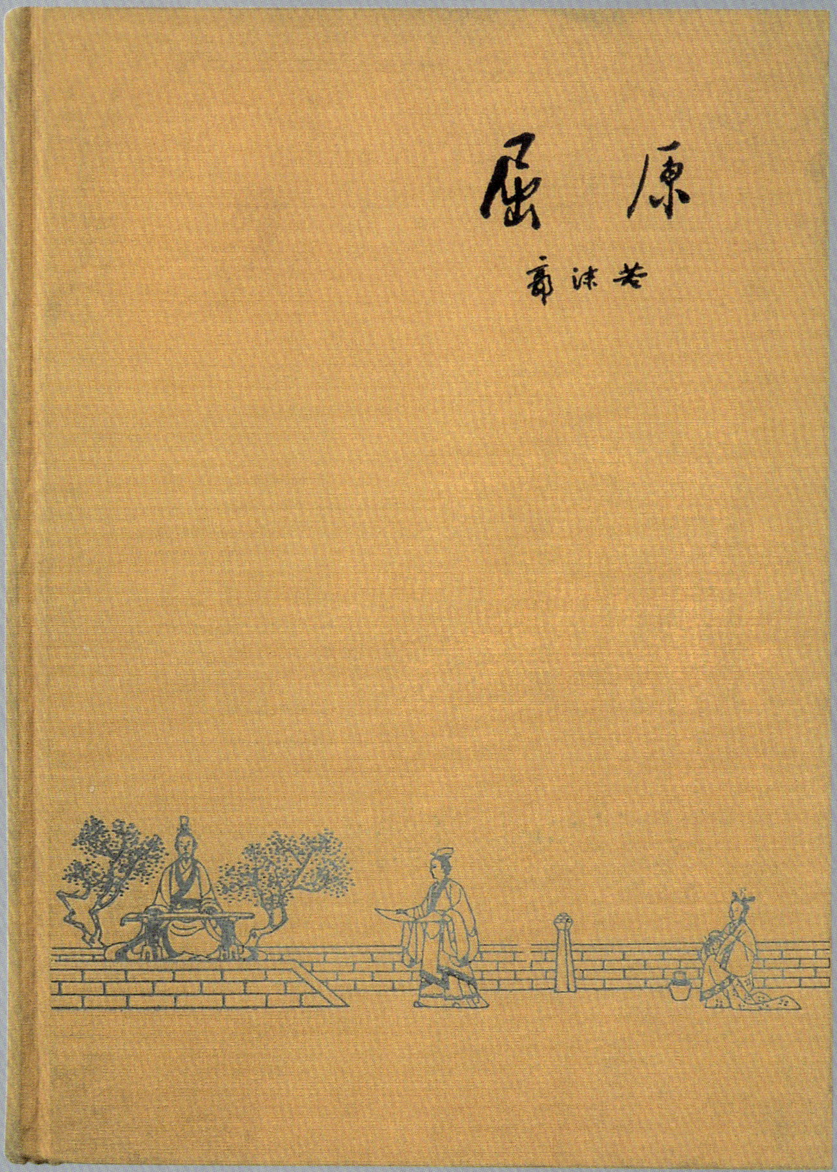


封面

**屈 原**

在我国以反映屈原为题材的出版物很多，各家各派的装帧设计可谓各领风骚，赵翼说："同阅一卷书，各自领其奥，同作一题文，各自擅其妙。"但评论一件艺术品：一要看格调，二要看功力。像张先生这样的设计在当时是绝无仅有的精品。张光宇先生艺术修养全面，是我国工艺美术界公认的多面手，雄厚的功底使他在选图、用色、字体安排诸方面都体现了中华民族独有的东方神韵。设计所散发的书卷气正是屈原崇高精神的体现。

装　帧　钱君匋
书　名　西谛书话
出版者　生活 读书 新知三联书店

**西谛书话**

钱君匋先生是我国现代书籍装帧艺术的开拓者之一。早年就读于丰子恺任教的上海艺术师范，在比他年长的同宿舍学友陶元庆的影响下，对书籍装帧产生了兴趣。20年代进入开明书店以后，他曾为新文化运动的巨匠鲁迅、郭沫若、茅盾、叶圣陶、郑振铎、巴金等人的著作设计过大量的装帧作品并得到了他们的赞誉。在当年上海的文化圈子中，他有“钱封面”之雅号。

他的作品早期受日本图案的影响，后从敦煌艺术及我国传统石刻、青铜图案中吸收了营养，逐渐形成了意蕴隽永，设色含蓄雅致，笔调单纯明快的艺术风格；他对金石书法均有很深的造诣，作品具有强烈的装饰风格，并富浓郁的乡土气息。他在长达六十余年的装饰生涯中所留下的大量设计作品是我们研究新文化运动和我国现代装帧艺术发展轨迹的重要资料。有《君匋书籍装帧艺术选》传世。

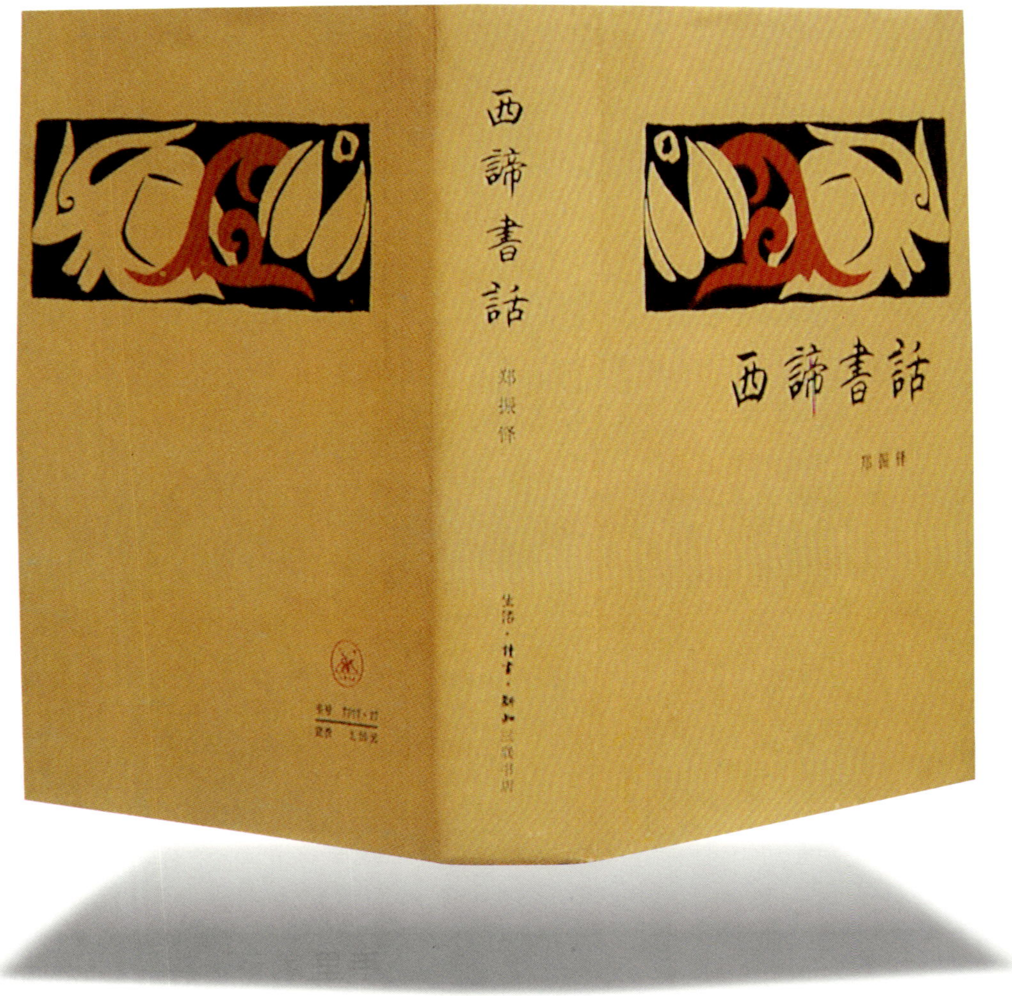


封面

装　帧　曹辛之
书　名　郭沫若全集
出版者　人民文学出版社

封面

环衬

装　帧　曹辛之
书　名　九叶集
出版者　江苏人民出版社

## 九叶集

《九叶集》是9位诗人的合集，设计者曹辛之先生也是其中一叶。这9位诗人，都是活跃在中国新文化运动初兴、社会不安、良莠相杂、国衰民穷的30年代。设计者用一棵大树9片茁实的叶子作为主体形象，实属寓意深邃、启人遥想的妙笔。设计者把书的内涵含蓄而诗意地呈现给读者，体现了一代大师的精妙之作。

封面

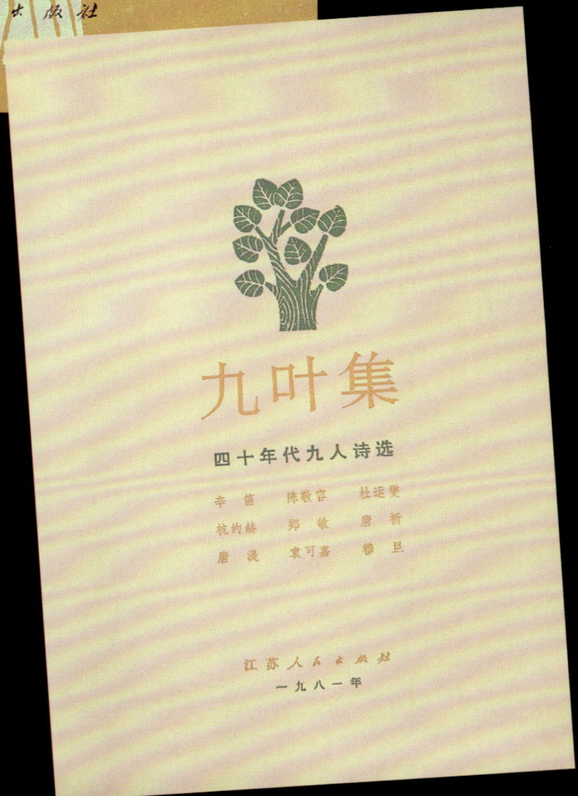


扉页

装　帧　曹辛之
书　名　最初的蜜
出版者　文化艺术出版社

**最初的蜜**

曹先生是位博才、睿智、澹泊明志的艺术家。他把华星秋月的诗人感情表现在设计作品上，把中西方艺术的审美追求体现在设计作品上。《最初的蜜》是他自己的诗集，设计的整体形象和格调就是曹辛之自己的形象。看到《最初的蜜》我就想到有人说过的一句话：人品高，造诣深，下笔自然有书卷气，有神韵。

封面

硬封

环衬、扉页

装　帧　古　元
书　名　赶车传
出版者　人民文学出版社

**赶车传**

古元先生设计《赶车传》是情有独钟的，尤其是艺术家在设计上所表现的整体观念，在当时是难能可贵的。我读《赶车传》装帧设计的感觉是：1.从整体观察，封面、封底、环衬都用大空白处理，这种清新平实的构图，给读者营造了一个平淡自然的氛围。2.里外所有图像都用剪纸的形式，既密切结合了本书的内容，又体现了地域性和浓浓的乡土情趣，产生了和谐的美，让人望而可亲，仿佛听到了入心的民歌之声。

封面

环衬

装　帧　丁　聪
书　名　四世同堂
出版者　百花文艺出版社

### 四世同堂

这是一帧高义薄云之作，一个图案化了的门楼概括出了《四世同堂》的核心形象。书名字体的深沉淳厚、构图的严整典雅，都和全书内容起到了合奏的效果，使读者情意绵邈、联想不断，这样的设计能让欣赏者感到：“善学者还从规矩，妙语者不在多言。”（王维）

封面

装　帧　陶雪华
书　名　神　曲
出版者　上海译文出版社

神　曲

但丁的《神曲》，一部浩瀚的长诗，分为《地狱》、《炼狱》和《天堂》三部曲。《地狱》反映的是作者生活的现实社会，《天堂》诉说的是诗人渴望追求的理想境界，而《炼狱》则是描写从现实通往理想的苦难之路。这是一部惊世骇俗的世界巨著，什么装帧形式才能与长诗中那幻梦般的语言相对应？什么艺术符号才能表达诗中对黑暗的罗马教廷怒不可遏的愤怒？什么图案创意才能反映书中诗人在游历地狱、炼狱和天堂时所产生的痛苦、愤怒、幻想与欢乐？

诗的语言与装帧的语言，毕竟是两回事情。诗人的语言靠读者去联想，而装帧的语言则是通过视觉形象作用于感官与读者的情感产生共鸣，《神曲》的设计者似乎感悟到了这一切。《神曲》的整个封面中黑色的面积几乎占据了封面将近三分之二，邻近封面的上方，黑色渐渐向上过渡为白色，在由黑向白的过渡的色块中布满了繁星，烘托出了“神曲”两个书名字。也许，大面积的黑色是在暗示，在残暴黑暗的中世纪人们心灵的压抑，那闪烁的繁星似乎是象征茫茫苦海里充满幻想与希望的生灵；也许，正是这黑色表达诗人对专横的罗马教廷不可遏制的愤怒，而群星的白色则体现了诗人对生活在黑暗之中的芸芸众生的同情。封面上端的白色，似乎是为了象征着长诗光明与欢乐的结尾，体现这部“神的喜剧”在压抑之中所表现出的乐观精神。设计家巧妙地让群星显现出隐约的圆形，这似乎是在暗示朦胧的日出，似乎是在预示着迷蒙之中的希望；也许，设计者并没有想得如此具体，只是在追求表现一种感觉，是在通过装帧这样一个媒质表达她对《神曲》的一种朦胧的感受。

封面

装　帧　邱　陵
书　名　腹　地
出版者　人民文学出版社

## 腹　地

这是邱先生早期的作品，书的内容是民族解放，地域是拉丁美洲。邱先生没有做图解式的描绘，以其自身的艺术功力、睿智卓识选择了剑麻、大地、天空、黄色给读者编织出了这个设计。剑麻告诉了故事发生的地域，突出剑麻形象以表示人民的力量。强烈的色彩构成了一种烘托主题的氛围。“人品高、学问深，下笔自然有书卷气，有书卷气即有气韵。”（蒋骥）作为一本书的封面，我以为这就够了。

封面

装　帧　张慈中
书　名　巴赫金全集
出版者　河北教育出版社

装　帧　张慈中
书　名　中国现代学术经典——章太炎卷
出版者　河北教育出版社

封面

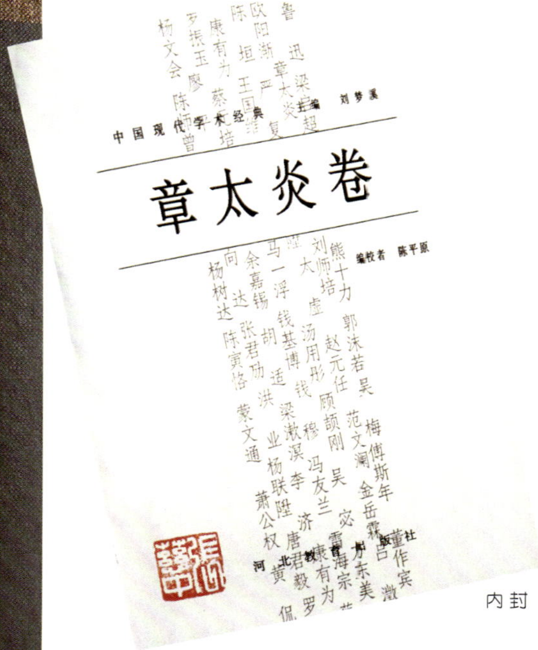


内封

封面

装　帧　袁运甫
书　名　李有才板话
出版者　人民文学出版社

装　帧　王荣宪
书　名　《家》《春》《秋》
出版者　人民文学出版社

封面

**李有才板话**

《李有才板话》的故事当年是家喻户晓的一部乡土文学名著。在当时进行革命教育曾起到过很大的作用。封面图是用地主庄园与贫民窑洞上下分割对比构图形式为主题进行设计。设计又用了浅土黄、深黄和黑三个颜色，为读者营造了一个颇具陕北黄土高原地域特色的氛围，表现手法朴实、层次清晰、书名用字之拙趣对画面有锦上添花之效，更显得有图、字浑为一体之美。

封面

装　帧　倪天熙
书　名　李四光传
出版者　人民出版社

装　帧　姜　樑
书　名　辞　源
出版者　商务印书馆

**辞　源**

严谨的设计，精致的制作，庄重的效果。

封面

封面

装　帧　黄永玉
书　名　阿诗玛
出版者　人民文学出版社

**阿诗玛**

我心中的黄永玉是位拒绝平庸的艺术家。当每位读者欣赏他的作品时，若能含英咀华一番，也会和我得出一个共识——现实主义和民族化的风格。罗丹说：“美就是性格和表现。”不就是这个道理吗？封面用料是土布，人物色彩有浓浓的民族情丝，这朴素和谐的韵律，就是作者艺术创造的心律。周恩来说过：“有地方性才有民族性，有民族性才有国际性。”所以《阿诗玛》走遍全国，走出国门。

封面

"Ashma" is t[illegible] popular poem of the Shani people. Whenever a marriage takes place, old folk will squat on stools to sing "Ashma"; and the young people will shed tears over Ashma's sufferings and rejoice at her victory. Those who are unhappily married will sing "Ashma" again and again, drawing strength and courage from the poem. Girls working in the fields will sing "Ashma" too, and they often used to say: "Ashma's sufferings are the sufferings of all Shani girls."

Though this long poem has been handed down for many generations, there has never yet been a standard Shani text. In 1953, some writers and artists in Yunnan sent a work team to the mountainous district where the Shani live, to compile as complete a version of "Ashma" as possible. By living and working with the Shani for a long period of time, they became good friends with them and gradually came to understand their social system, customs, thoughts and feelings. After a careful study of many different versions of the poem, the work team compiled "Ashma" and translated it into Chinese. In 1954, when this long poem was published in the "Yunnan Daily" in Kunming and "People's Literature" in Peking, it received a warm welcome. Later it was published in book form by the People's Literary Publishing House, and the English translation has been made from this book.

China is a multi-national country. Under the cruel rule of reactionaries in the past, the minority people suffered all manner of hardships and their cultures were attacked and to some extent destroyed; yet, even so, the vernacular literature was preserved and enriched by the labouring people. In New China all the minority peoples are equal members of one big family, and their national cultures are respected and appreciated. The discovery, compilation and publication of "Ashma" form but one instance of the way in which the fine literature and art of the minority peoples are valued today.

版式

装帧 任 意
书 名 中国历代服饰
出版者 河北教育出版社

**中国历代服饰**

本设计荣膺莱比锡金奖绝非偶然。透过浓郁斑斓的画面，那些金发碧眼的评委们一定会感受到并折服于古老的东方文明的灿烂。画面主体的服饰图形在平面处理的基础上着意刻画立体的感觉和外形曲线的飘动感，就像一个东方佳丽伴着古乐袅袅起舞。整个设计一下子具有了生命力。

任意先生是以装饰风格为代表的设计家。他的作品体现了一种本来意义的设计精神。他通过对形式语言的娴熟调用，从而能准确地表现不同书籍的特定主题。他的设计具有强烈的现代感，君匋先生评价他的设计是“属于洋派的”。而严谨是他作品的另一特点，他对设计稿总是反复推敲修改，九朽一罢，用他自己的话说，力争做到任何一个部分都难再做更改。他的设计生涯体现了一种苦学精神。

封面

装　帧　范一辛
书　名　辞　海
出版者　上海辞书出版社

装　帧　卫水山
书　名　孙中山年谱长编
出版者　中华书局

**辞　海**

严谨而不平板，庄重而带点现代味道。

封面

封面

装　帧　蔡立国
书　名　老照片
出版者　山东画报出版社

装　帧　蔡立国
书　名　凝　望
出版者　山东画报出版社

封面

封面

装 帧 柳成荫
书 名 基督山伯爵
出版者 人民文学出版社

装 帧 柳成荫
书 名 南行记
出版者 作家出版社

封面

环衬

封面

### 南行记

直面《南行记》，你观察、倾听、感受、沉思，虽然每人都会有自己的印象、联想、领悟和心灵感受，但在设计者给我们展示的画面前肯定会有许多相似点的。诸如地域特色和那纯净、清新、透明、深远的诗般景色，小木船上少女映在水中的倒影……书中故事就发生在这里。这正是设计者要告诉读者的。当然这些仅只是作者对内容得于心的感受，正等待你的会意而互成知音。

装　帧　李铁良
书　名　中国回族史
出版者　宁夏人民出版社

封面

装　帧　张瑞邦
书　名　简易化学手册
出版者　上海教育出版社

装　帧　张瑞邦
书　名　苏州桃花坞木版年画
出版者　江苏古籍出版社
　　　　香港嘉宝出版社

**简易化学手册**

成功地运用平面构成方法，把化学符号变化成富有装饰感的画面。

封面

封面

装　帧　张守义
书　名　四川一好人
出版者　中国戏剧出版社

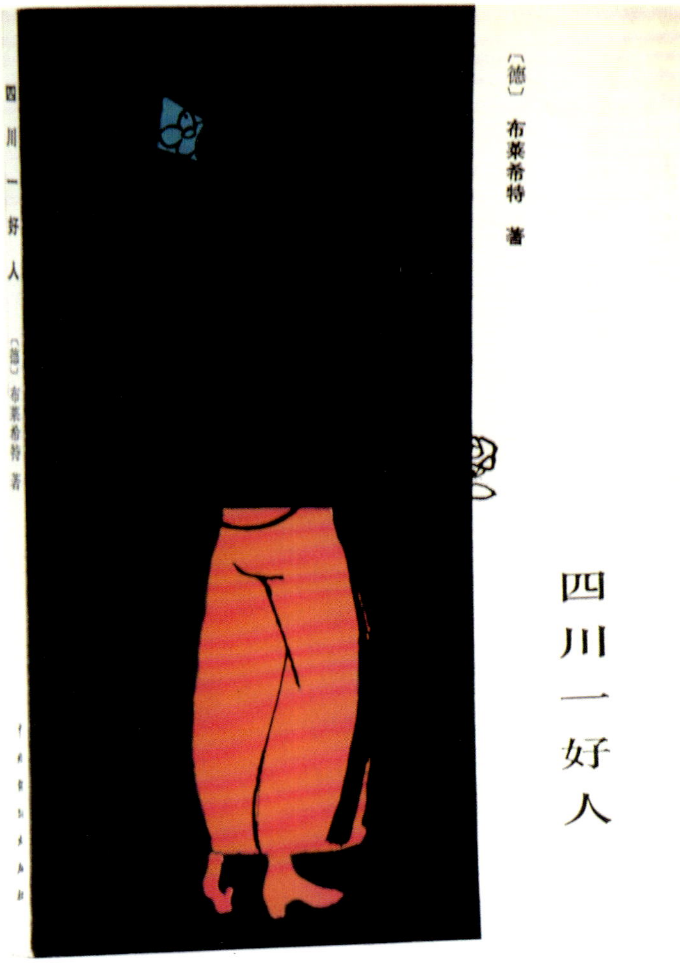


封面

环衬

装　帧　张守义
书　名　酒　韵
出版者　黑龙江教育出版社

**酒　韵**

直抒胸臆、意不在酒而重在韵，作者虽有酒仙雅号，绝非酒徒或嗜酒之人。只是因病以啤酒维持生命而已，故而无论家居、外出讲学、出席会议、参加社会活动、访亲会友，身边总有两件"宝"——开瓶扳子和啤酒。由此引发了许许多多的文人笑话和轶闻。日久天长，守义先生就把"丹青为命酒为魂"作为自己的形象了。

封面

环衬

装　帧　张守义
书　名　中国思想家评传丛书
　　　　——桓谭 王充评传
出版者　南京大学出版社

**桓谭 王充评传**

古灯一盏见构思。这是一套有200部6000万言从孔子到孙中山跨越2500年共260位中国思想家的一套大型丛书。守义先生以艺术家应具有的哲学家的头脑、科学家的毅力、诗人的感情、杂技演员的技巧等素质，完美成功地完成的一件精品。最能启迪读者的就是那200盏灯。我国在战国时有了灯。灯与人相伴到如今，思想家在灯下著书立说，后来人在灯下寒窗苦读，以继承和发展诸家思想、科学、文化。灯处于封面最吸引人的部位，艺术家对封面、封底、书脊都进行了精心设计，从而达到了主题突出、构成新颖、宾主位置分割和谐。整套图书渗透出了曲美工精的缜密风范，达到了秉要执本的设计效果。

封面

装　帧　王卓倩
书　名　英汉计算机缩略语词汇
出版者　人民邮电出版社

**英汉计算机缩略语词汇**

用词头缩写英文或汉语拼音的书名作为画面的主体去装饰画面，有时被当作是追求现代味道的一种手法，但对有关缩略语的本书来说，就不单纯具有形式上的意义而是直逼本书的主题了。王卓倩先生在设计风格上一向注重设计语言与文本内涵的那种天人合一的艺术谋合以及形式语汇的现代感和节奏韵律，她崇尚减法，作风严谨。这些在本设计中都有较突出的体现。

70年代王卓倩先生曾推出了一批具有优美装饰风格的作品，对改变科技书装帧一向平板直白的面貌，推动新时期科技书装帧的发展起到了开创性的作用。这是令人难忘的。本设计在风格上与她的那一批作品有较大变化，是她设计生涯晚期的变法之作。

封面

装　帧　张灵芝
书　名　水浒传(英文版)
出版者　外文出版社

**水浒传(英文版)**

用“精致端正、意趣高雅”来评价这个设计似不为过。因为它是走向世界的外文版，手法基本是洋派的，端正的中轴构图和规范的书名字体很切合经典名著的身份；水浒叶子那极富东方韵致和线条律动感的人物，从封面到封底依次登场，生动性和中国味道就全出来了。本书的印制装订均严谨考究，工艺制作精美，体现了设计追求。

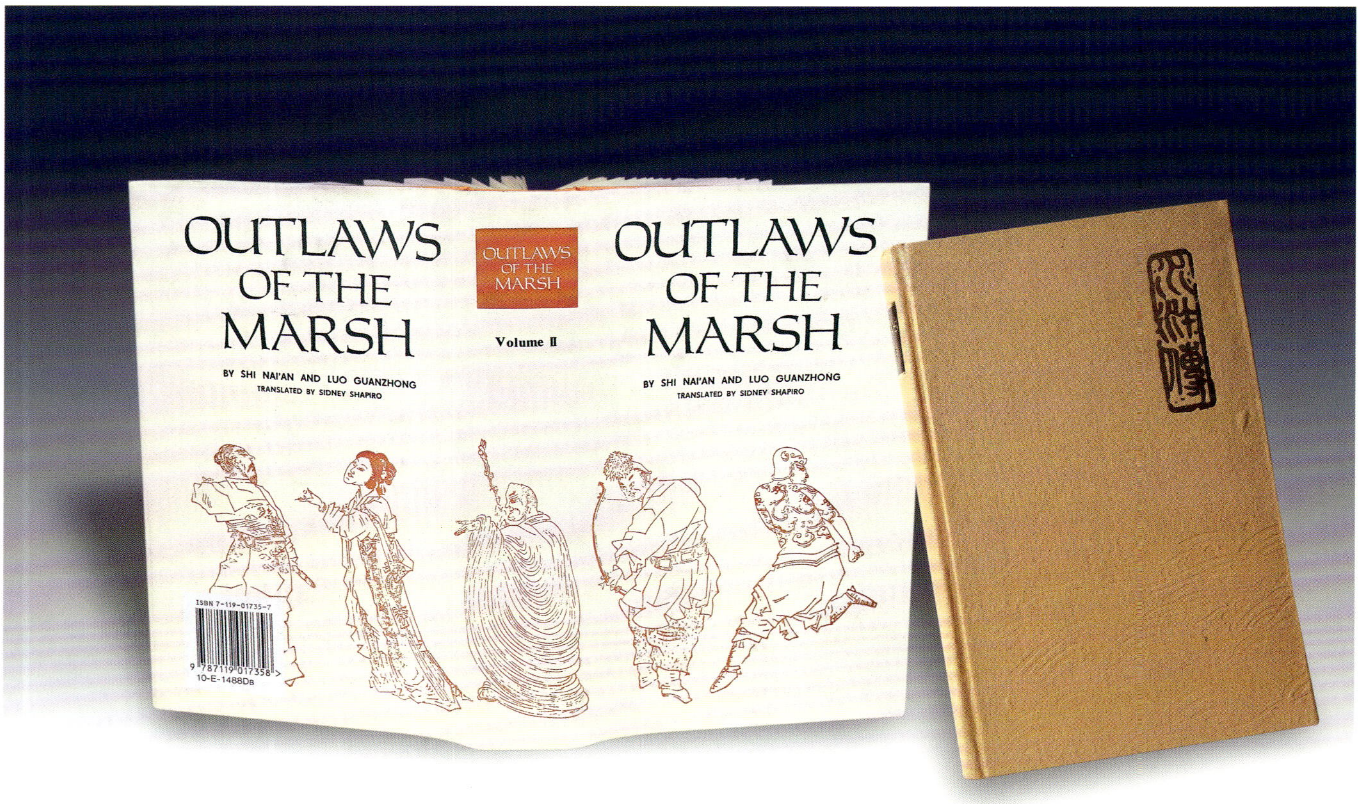


封面

装　帧　邹　雅
书　名　五月端阳
出版者　作家出版社

封面

### 五月端阳

这几年在装帧界，有一个新概念——要重视图书的整体设计。其实过去的老装帧艺术家也有这个要求，只是条件不允许，但他们仍在做这样的工作。这本书就是一例，《五月端阳》设计的成功之处是：

1. 从封面、封底、扉页的设计可以看到是统一和谐的。强对比、高反差使民俗味十足，有大俗大雅的风姿。

2. 色彩表现了鲜明的个性，保留了陕北剪纸的原色原貌，也突出了内容与地域背景情调。

3. “听到的声音是美的，听不到的声音更美。”（济慈）这里不是已经让人感受到信天游的声音了吗？

五月端阳
李　季
装幀、插图：邹　雅
作　家　出　版　社
一九五九年·北京

扉页

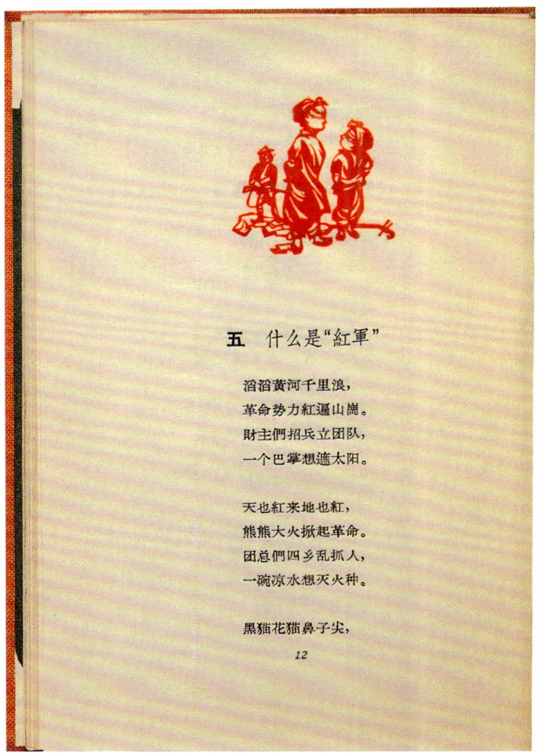
五　什么是“紅軍”

滔滔黃河千里浪，
革命势力紅遍山崗。
財主們招兵立团队，
一个巴掌想遮太阳。

天也紅来地也紅，
熊熊大火掀起革命。
团总們四乡乱抓人，
一碗凉水想灭火种。

黑猫花猫鼻子尖，

12

版式

装　帧　吴寿松
书　名　红楼梦（英文版）
出版者　外文出版社

**红楼梦（英文版）**

同为中国古典文学名著的外文版，这本《红楼梦》与那一本《水浒传》的装帧设计犹如是姊妹篇。同谋雅致，《水浒传》古朴些，《红楼梦》求华丽；都有中国味道，却像两件瓷器，一件是磁州窑的白釉剔花干净利索，一件如万历五彩斑斓多彩。它们都成功地体现了各自著作的特点。

封面

装　帧　吴寿松
书　名　毛泽东诗词
出版者　外文出版社

封面

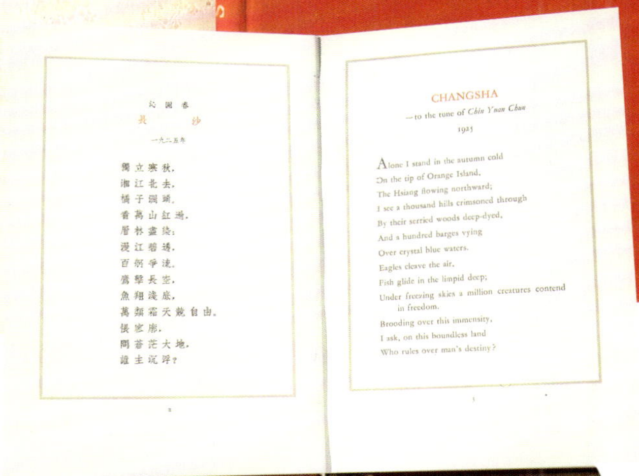


版式

函套

装　帧　曹　洁
书　名　中国美术全集
出版者　人民美术出版社

环衬

封面

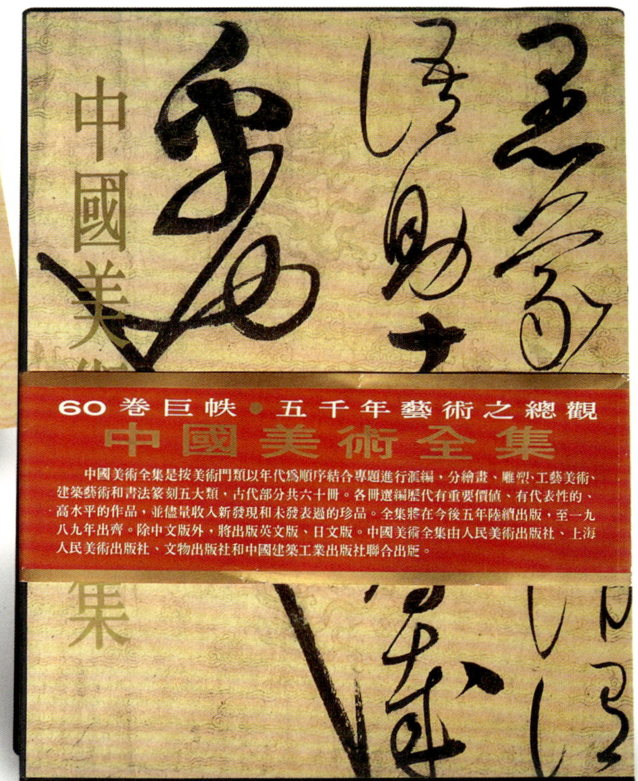


函套

装　帧　彭开天
书　名　中国近代小说大系
出版者　百花洲文艺出版社

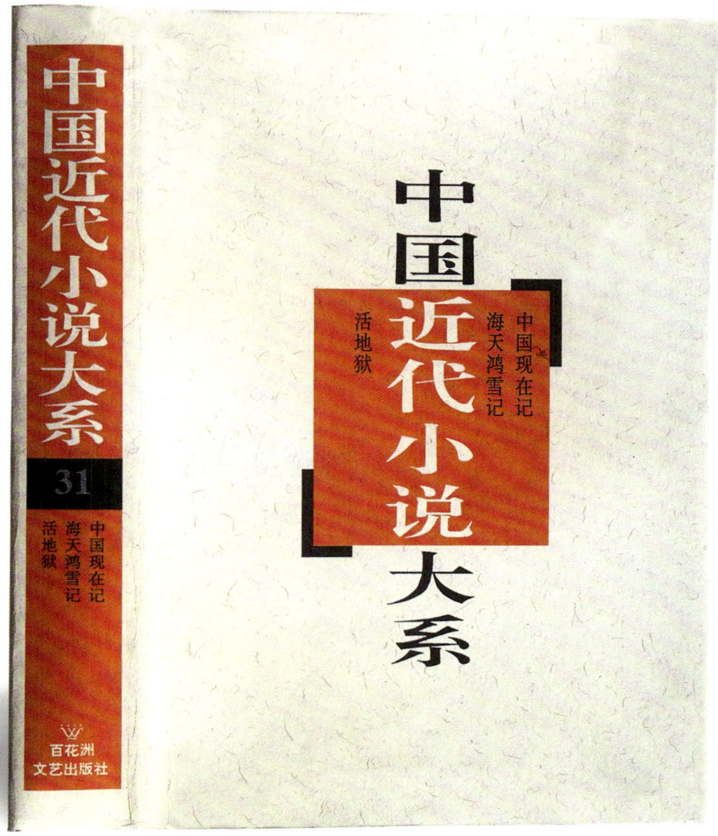


封面

硬封

装　帧　郭振华
书　名　编辑忆旧
出版者　三联书店

装　帧　郭振华
书　名　黑面包干
出版者　东方出版社

封面

### 编辑忆旧

编辑是文化的播种者，为了知识在大地的传播，他们付出了辛勤的劳动。编辑是文化的拓荒者，为了把新开拓的知识奉献给人民，他们流淌着汗水。《编辑忆旧》的封面设计得好，好就好在准确地表达了这个主题。

### 黑面包干

虽然是小开本的平装书，但它仍能让人望而可亲。这本前苏联出版的革命回忆录，设计者选用的材料是粗面无光纸，图形选用的是涅克拉索夫的麻胶版画《号召》。封面仅用了红黑二色，设计者把红色从书脊延至封底与封面形成强烈对比。设计者还运用了巧妙的构图手法，给读者营造了一个与书的内容起到合奏作用的封面。构图是什么?“就是画家为了表达自己的感受，把各种不同的因素用装饰的方法按画家的意图安排的艺术。”(马蒂斯)

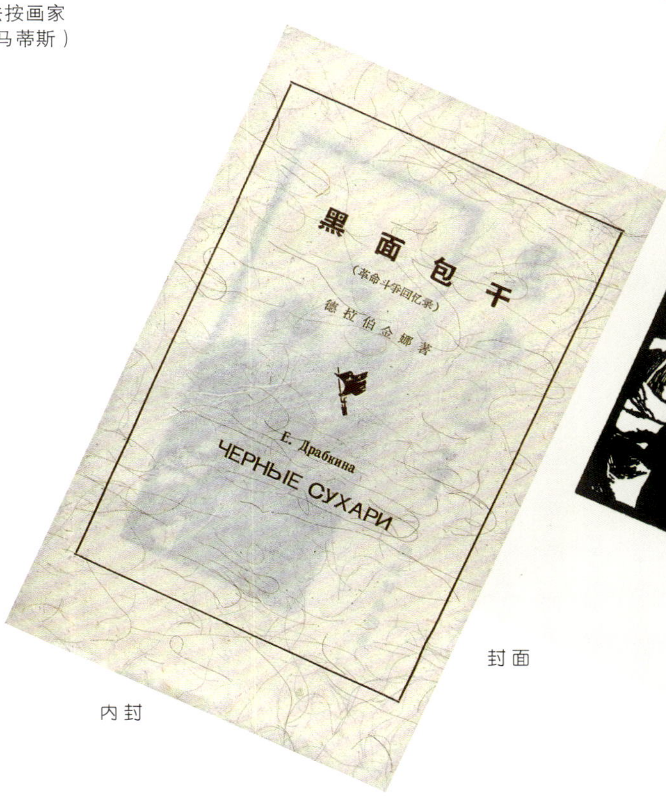


内封

封面

封面

封面

装　帧　安今生
书　名　张志新
出版者　辽宁人民出版社

装　帧　宋广训
书　名　红　岩
出版者　中国青年出版社

### 张志新

用简练淡雅的灰色线条勾勒出所选用的雕塑素材的形，画面洁白无瑕，那腥红的小花是烈士用心血浇灌的希望之花。设计者用画面之美去烘托烈士的灵魂之美，这是一件充满崇高情感的设计。

### 红　岩

小说《红岩》哺育了我国青年人的成长，《红岩》那红色的封面，屹立的山岩、耸立的青松和严正雄劲的书名字，给人留下了难以磨灭的印象。

著名美学家宗白华先生说，中国美学始于魏晋的人物品藻。魏晋时期的人物品藻，给中国美学把握美的事物提供了极具特色的方法。《世说新语》记载："王公目太尉：'岩岩清峙，壁立千仞。'""世目李元礼：'谡谡如松下风。'"这里的"目"是一种"类似性感受"的审美方式。所谓类似性感受，就是以自然的景或物给人的感受来比喻人的神韵。这种始于魏晋人物品藻的审美方式，对中国艺术产生了极为深远的影响，也潜移默化地影响着中国装帧艺术家的创作思维。《红岩》的封面设计就是这种"类似性感受"的审美方式，以耸峙的山岩、挺拔的青松象征革命先烈的气节，给读者提供了自然的形象，从而让人感悟到革命前辈的精神。而这种始于魏晋人物品藻的审美方式，也深深扎根于中华民族人民大众的审美意识之中，因此《红岩》的封面，一经面世，立即在人民大众中产生了强烈的共鸣。

装 帧 叶 燃
书 名 武则天
出版者 中国戏剧出版社

硬封

封面

插图

装　帧　钱月华
书　名　纪念柯棣华
出版者　人民出版社

### 纪念柯棣华

一本庄重的纪念册，设计者并没有在封面上使用柯棣华的形象，而是通过图案符号来表达自己的创意，于是这本装帧设计取得了成功。在同一时期的书籍装帧作品中，《纪念柯棣华》的设计显得格外耀眼。

装帧如同一切艺术一样，需要创新，重复他人设计创意的人是没有出息的设计家。

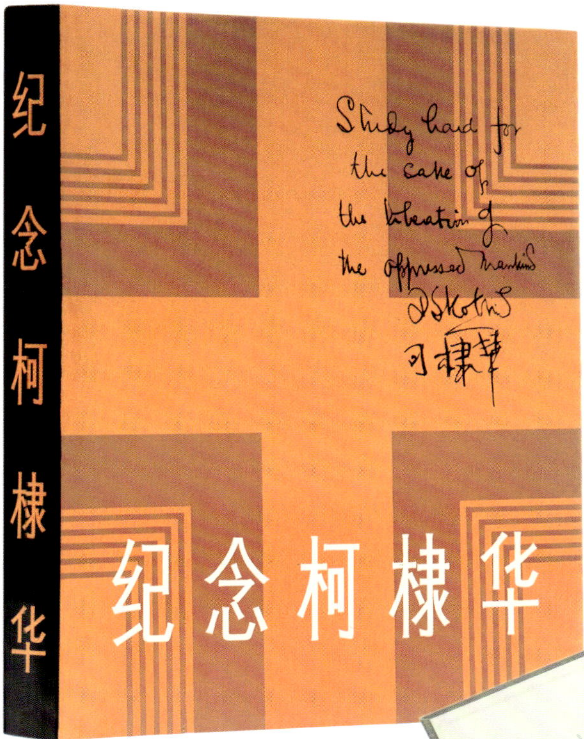


封面

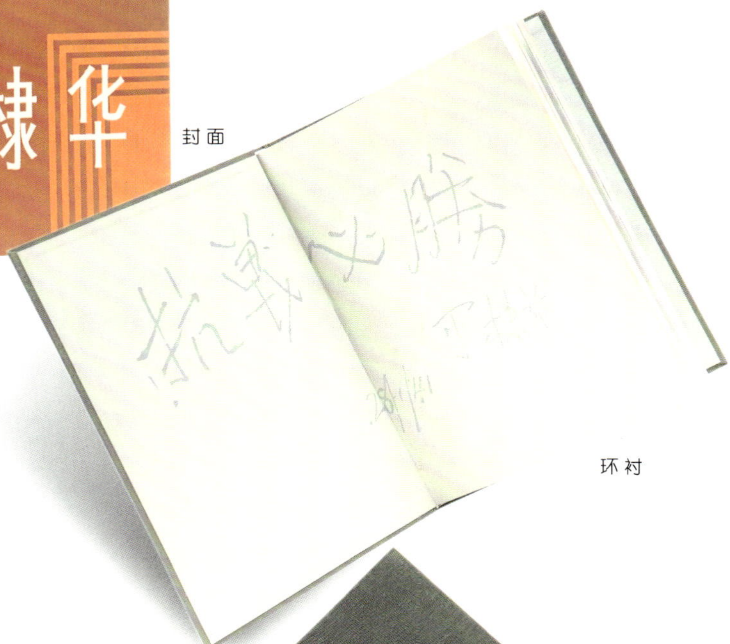

环衬

内封

装　帧　陈亦逊
书　名　鬼　眼
出版者　解放军文艺出版社

装　帧　郭天民
书　名　重返埃及
出版者　湖南美术出版社

封面

封面

装　帧　陈允鹤
书　名　中国美术五千年
出版者　人民美术出版社

装　帧　郭天民
书　名　齐白石全集
出版者　湖南美术出版社

封面

### 齐白石全集

庄子云："天地有大美而不言"，自然率真成为他的美学思想精髓。他反对充满工匠气的雕琢，反对刻意取悦于人的修饰，甚至认定沉湎于五音、五色感官刺激的俗人不会体会到真正的审美价值。

《齐白石全集》的设计极为大方，黑色的封面中白石老人的肖像位居中央，红色的印章和书名字格外突出醒目，没有色彩的招摇，没有故弄玄虚的雕琢，甚至没有刻意玩弄的形式，一切都似乎简单得不能再简单了，平淡得不能再平淡了，但就是在这简单与平淡之中显现出了高格调的"大美"。

庄子盛赞"朴素而天下莫能与之争美"。我们不能一概地反对艺术的雕琢，更不能一概反对感官的刺激，但是，我们的装帧艺术应该给人以高于感官刺激的精神享受。

封面

装　帧　张苏予
书　名　三家评注李长吉歌诗
出版者　中华书局

装　帧　陈允鹤
书　名　苏联藏中国民间年画珍品集
出版者　中国人民美术出版社
　　　　苏联阿美乐尔出版社

封面

封面

装　帧　边含真
书　名　燎　原
出版者　河南人民出版社

装　帧　朱鸿年
书　名　乾隆皇帝　康熙大帝
出版者　河南文艺出版社

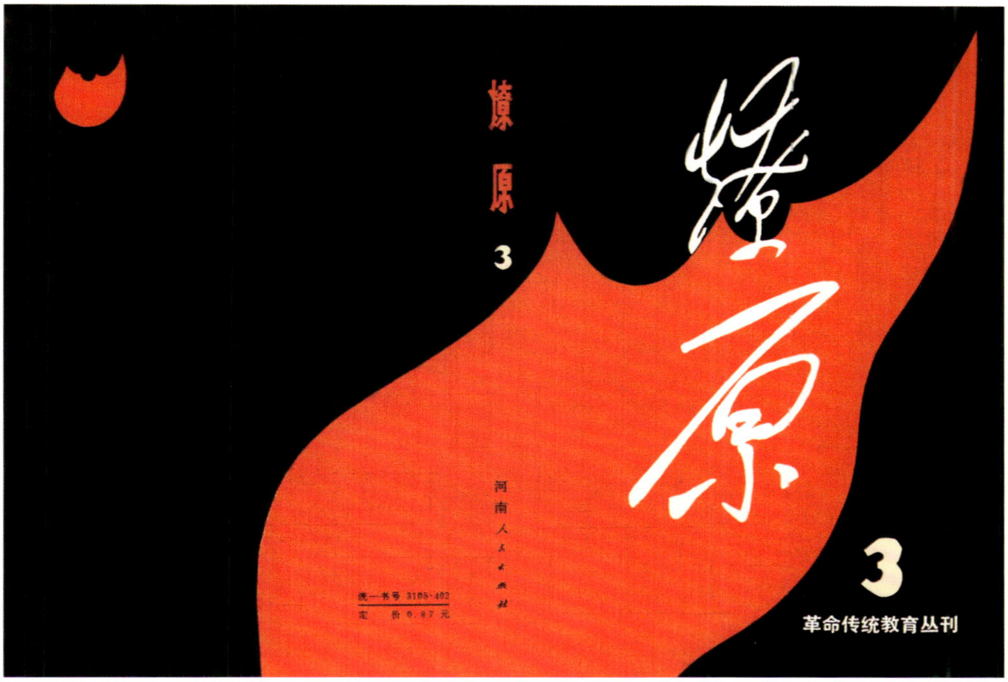


封面

封面

装　帧　余秉楠
书　名　小丑汉斯
出版者　湖南人民出版社

**小丑汉斯**

这是余秉楠先生自译自己设计的一本书。原书名叫《小丑的视野》，汉斯是小丑的名字，设计者用直抒胸臆的构思，把眼睛作为最突出的主题形象，以表示书中的核心内容焦点。画面由三个色块构成，给读者以洗练、清峻而奇特的美感，一只大眼睛颇富视觉冲击力，旨在让读者去注视那只眼，去领悟汉斯那洞察世事的真诚的心灵。画面取舍和色块的绝妙使用反映出设计家超凡脱俗的艺术修养。

封面

装 帧 章桂征
书 名 祭 红
出版者 时代文艺出版社

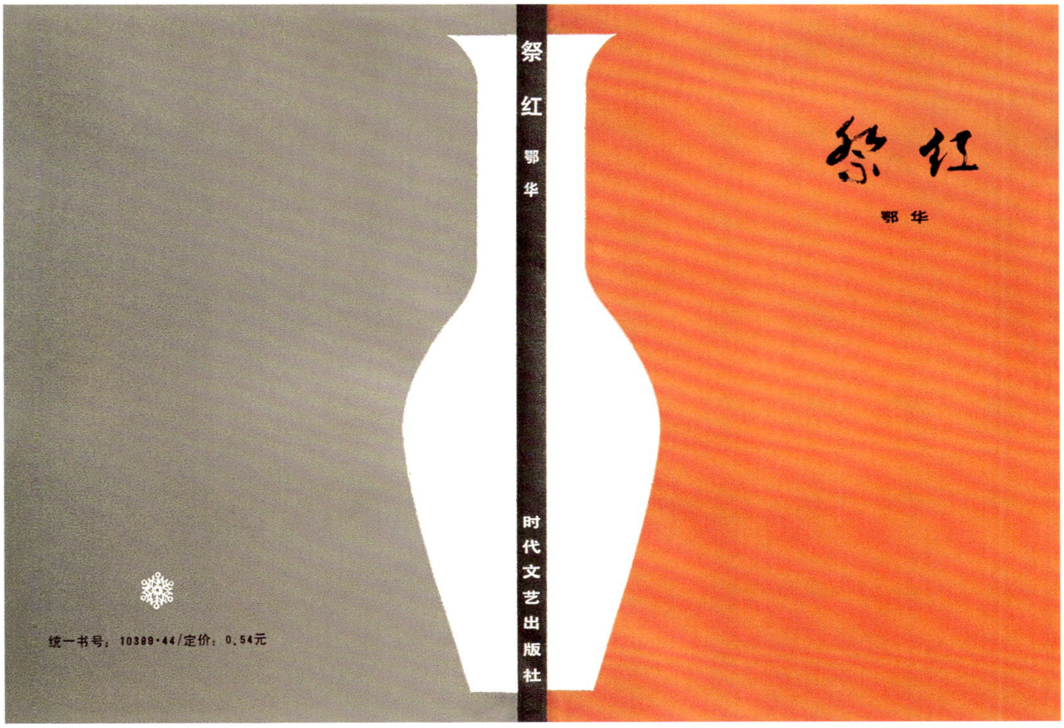

封面

硬封

## 祭 红

《祭红》的设计是以“单纯”的魅力征服欣赏者的。

《祭红》的设计者抛弃了一切平庸艺术家常用的故弄玄虚的设计手段，没有采用乏味的浮夸和无谓的雕琢，更没有像蹩脚设计家那样为了封面“出彩”而无病呻吟似的在形式上乱作文章。正因为如此，“单纯”富于《祭红》的封面无限的魅力，获得了超乎想象的成功。

英国著名画家和理论家荷加斯，在他的著作《美的分析》中把“单纯”视为创造美的要素。当然，他还指出，单纯不等于单调，“单纯必须与多样性巧妙地结合在一起，才能具有美学价值”。《祭红》的设计是“单纯”的，但封面单纯的“红”与封底单纯的“灰”形成的对比，极为恰当地满足了正在寻求变化的眼睛渴求出现的色彩节奏；单纯的“白”形成的瓷瓶造型，与红与灰挤压显现出优美的边缘曲线，引导着视线随意地流动，给予因视觉过于“单纯”而造成饥渴的眼睛以流畅的快感。

《祭红》在极度的单纯中，将单纯与变化，整一与丰富，刚直与柔美融合为一体，难得设计家能将这一切安排得如此美妙。

装　帧　尚佩芸
书　名　中国震撼世界
出版者　北京出版社

装　帧　尚佩芸
书　名　白天的猫头鹰
出版者　北京出版社

**中国震撼世界**

以象征性的视觉形象在装帧设计中表意，是中国装帧艺术家常用的表现手法之一。

《中国震撼世界》的封面，以雄伟的东方之狮比喻崛起的中国对世界的震撼。它让读者从雄狮的形象中感悟到新中国的伟大。这时，雄狮的图形已不是一般景物的再现，而成了特殊意义的象征。凝重的书名字，像是在对世界庄严的宣告；橘红色的英文书名，暗喻着朝气蓬勃的中国再也不是封闭的国家，而是以崭新的面貌屹立在世界的东方。这时，文字字体与颜色的意义已经不仅是为了读者认知，而成为一种情感的表达。

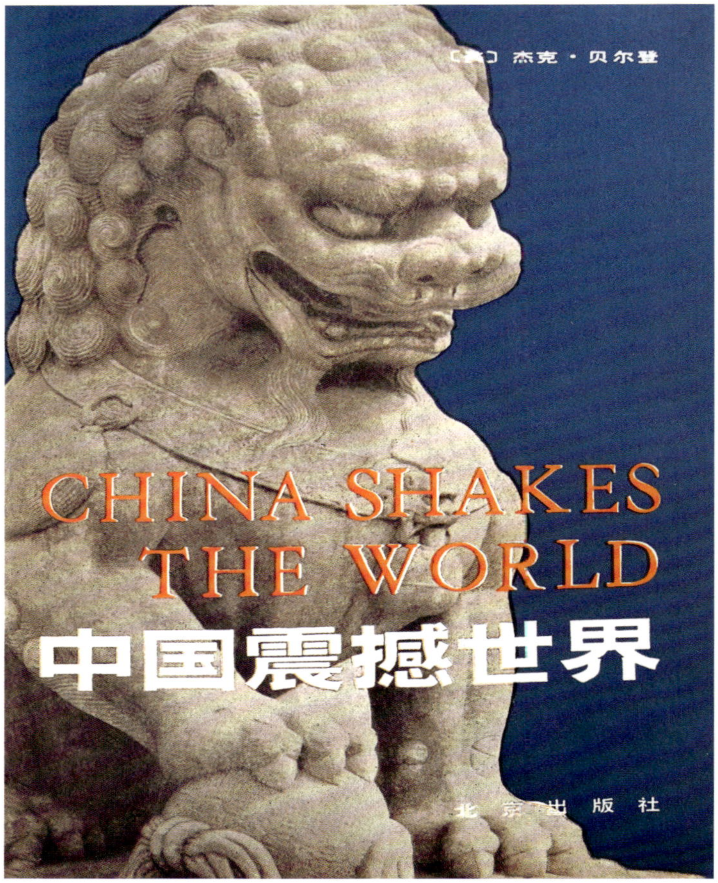

封面

封面

装　帧　戾　健
书　名　湖南民间美术
出版者　湖南美术出版社

装　帧　刘巨德
书　名　夹子救鹿
出版者　上海少年儿童出版社

**夹子救鹿**

靠绘画自身创造的意境和韵味来烘托气氛，是装帧设计常用的手法之一。在这种表现形式中，绘画几乎成为整个装帧的重要组成部分，它可以给读者以丰富的想象空间。

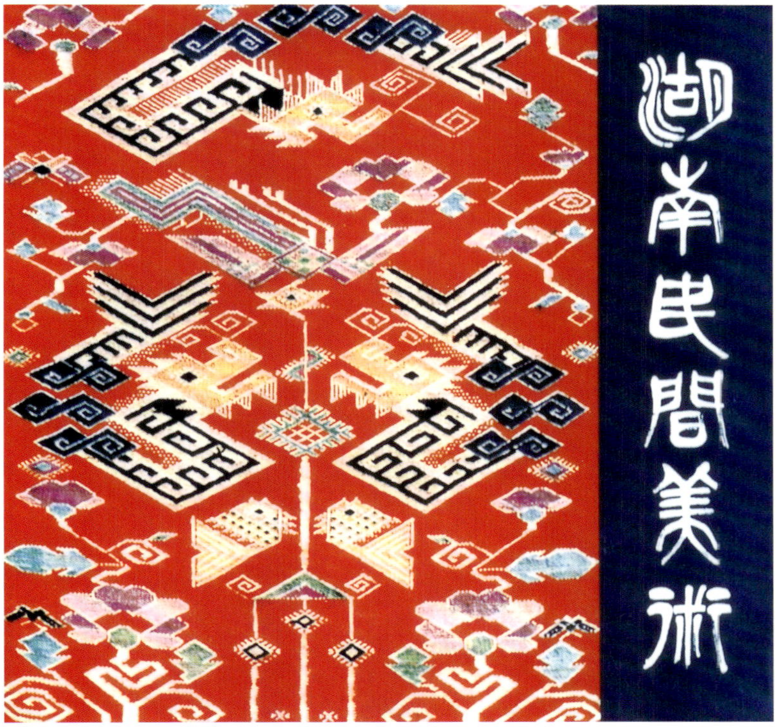

封面

封面

装　帧　段志佳
书　名　我要上学
出版者　中国摄影出版社

装　帧　章耀达
书　名　鲁迅藏中国现代木刻全集
出版者　上海古籍出版社

**我要上学**

空白给人以想象空间，更加突出了失学儿童渴望读书的神态。设计构成中，空白能起到任何颜色都不能替代的作用。

封面

封面

装　帧　张进贤
书　名　张守义外国文学插图集
出版者　湖南美术出版社

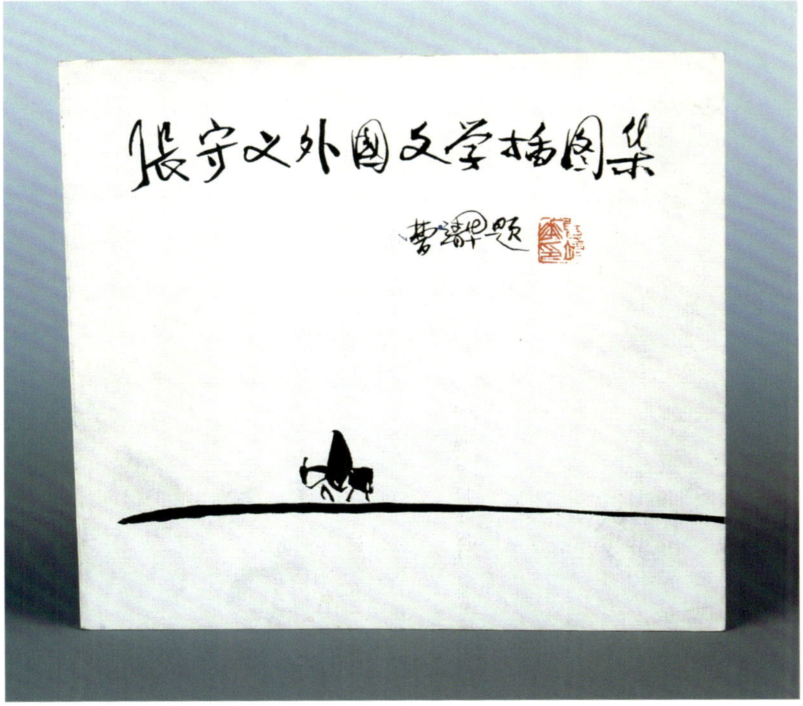

封面

扉页

**张守义外国文学插图集**

刘勰在《文心雕龙》中主张“物以貌求”，提出艺术创作是以感知的表象为想象的基础，经过艺术家对自身感性的扬弃，提炼出的“秉心”、“独照”的审美“意象”。一本优秀的书籍装帧同样是装帧家对书籍内容经过感性的扬弃，提炼出“秉心”、“独照”的审美“意象”，然后转化为装帧形态的结果。《张守义外国文学插图集》的设计充满了这种“秉心”、“独照”的提炼。

张守义先生擅长外国文学插图，其画面寥寥几笔，而“意象”之神态意味无穷无尽，张先生的提炼，反映着张先生“秉心”、“独照”的艺术功力。装帧之魂在于使之设计能反映作品的精神内涵，而《张守义外国文学插图集》的封面设计，也正是设计者以张先生的外国文学插图作品为想象的基础，根据设计的需要，经过感性的扬弃，提炼出来的装帧形态。

以“意象”的装帧表现“意象”的插图，设计者在装帧中所把握的艺术精神与插图的艺术精神的一致性，装帧所追寻的艺术精神与张先生插图所显现的艺术精神所产生的共鸣，成为了本书装帧最亮的闪光点。

装　帧　邵守严
书　名　小酒店
出版者　人民文学出版社

装　帧　邵守严
书　名　一千零一夜
出版者　人民文学出版社

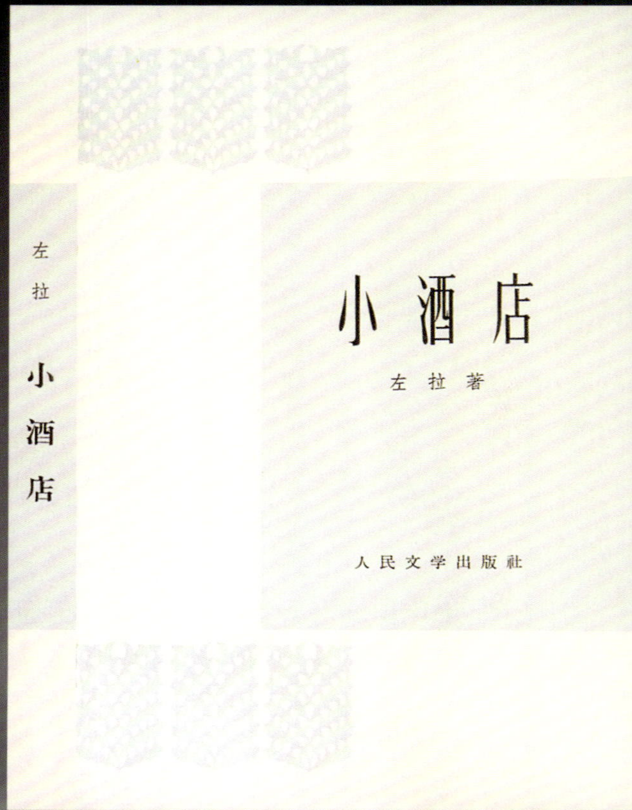


封面

封面

装　帧　李吉庆
书　名　易卜生文集
出版者　人民文学出版社

封面

硬封

装　帧　施珍贵
书　名　福　建
出版者　福建人民出版社

装　帧　李吉庆
书　名　鲁迅小说集
出版者　人民文学出版社

装　帧　李淑敏
书　名　汉语波斯语词典
出版者　商务印书馆

封面

封面

封面

装　帧　秦　龙
书　名　格林童话故事全集
出版者　中国少年儿童出版社

封面

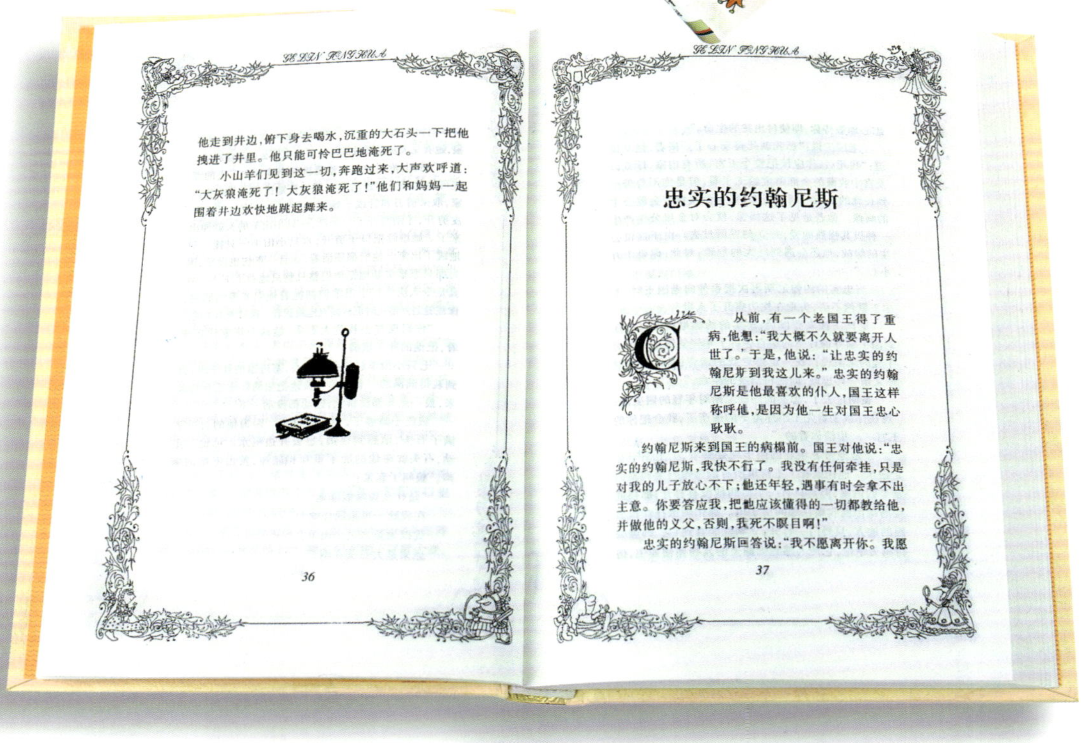


版式

装　帧　蔡　荣
书　名　京城胡同留真
出版者　外文出版社

装　帧　蔡　荣
书　名　中国旅游指南
出版者　外文出版社

封面

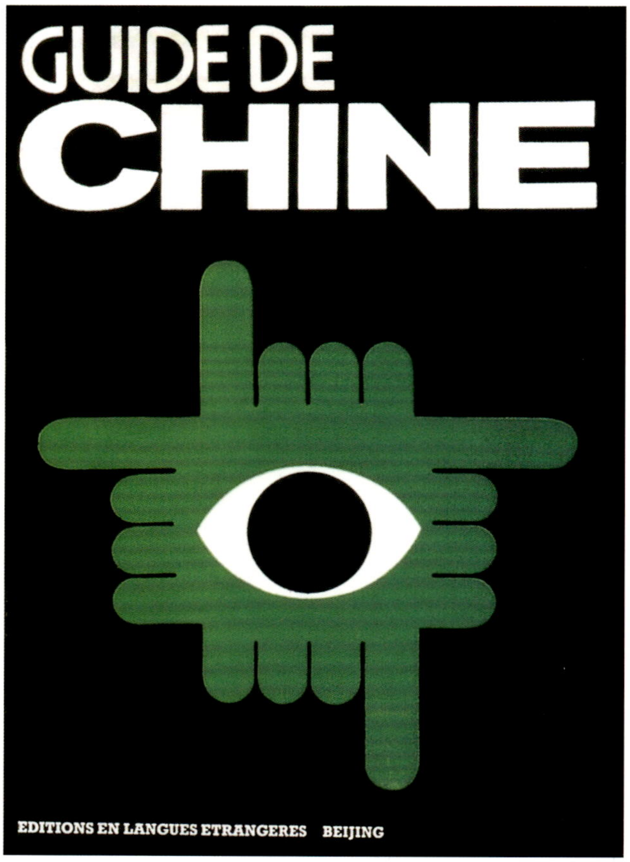


封面

装　帧　杨白子
书　名　国　殇
出版者　花城出版社

整体

装　帧　尹凤阁
书　名　毛泽东选集
出版者　人民出版社

**毛泽东选集**

设计这类鸿篇巨制的图书封面，其难度是不言而喻的。我们看到的是一件结构严整、典丽高雅、庄重大气的设计精品。它准确地表现了书的品位和档次，怎不令人赞赏。

函套

函套

硬封

装　帧　刘绍芸
书　名　绿色的曼青曼
出版者　云南人民出版社

装　帧　刘绍芸
书　名　梦中的记忆
出版者　云南人民出版社

封面

封面

装　帧　于名川
书　名　老教授油画选集
出版者　人民美术出版社

装　帧　于名川
书　名　最新高级英汉词典
出版者　商务印书馆国际有限公司

封面

封面

装　帧　徐敬东
书　名　眼与眼镜学
出版者　内蒙古人民出版社

装　帧　汪　汉
书　名　生之欢歌
出版者　湖北人民出版社

封面

封面

装　帧　潘小庆
书　名　中国三峡
出版者　江苏人民出版社

装　帧　张希广
书　名　中国年画
出版者　文物出版社

封面

**中国三峡**

借助摄影艺术的魅力，表现三峡之壮丽的风情。

封面

装　帧　谈冰玉
书　名　老　子
出版者　中华书局

装　帧　杨德有
书　名　沈益华烫画艺术作品集
出版者　中央广播电视大学出版社

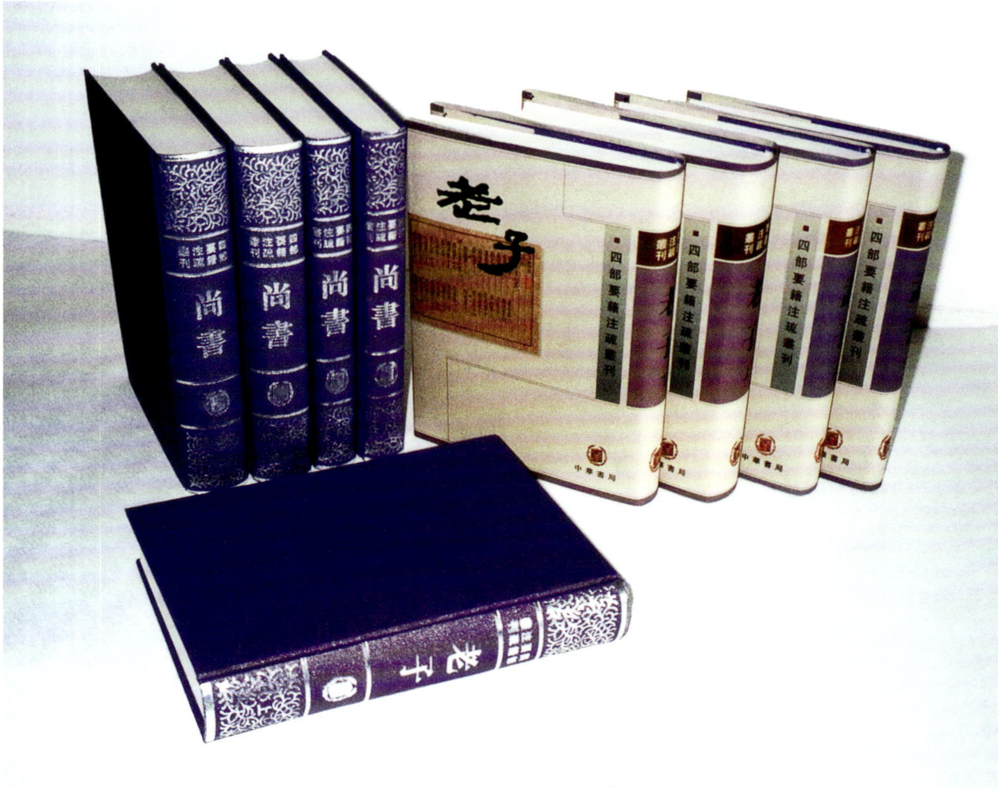


封面

封面

装　帧　曹太文
书　名　彩色多普勒血流显象图谱
出版者　辽宁科学技术出版社

装　帧　肖　辉
书　名　卡斯特罗传
出版者　东方出版社

装　帧　唐耀世
书　名　维吾尔族历史
出版者　中国社会科学出版社

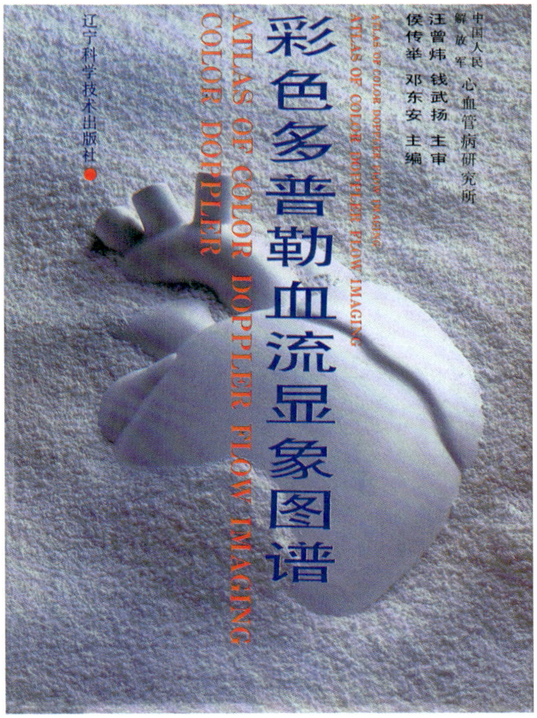


封面

封面

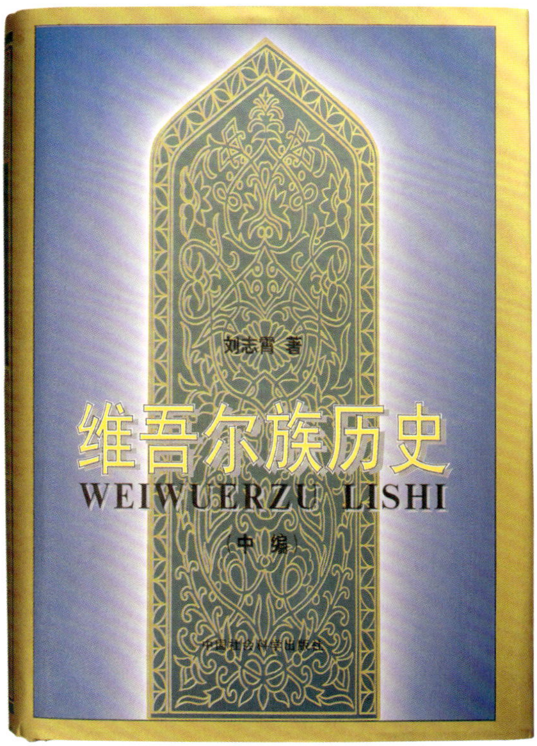


封面

装　帧　宁成春
书　名　莎士比亚画廊
出版者　河北教育出版社

**莎士比亚画廊**

第一眼看到这部鸿篇巨制之作，不禁一惊，并有由衷的赞佩之情为它而发。那典丽高雅、锦心绣口，一派大家气魄，把中西艺术审美结合得如此之好，令我折服。精品出自精心，只有付出超人劳动，才能获得超人的成就。当然最根本的还是设计者的艺术造诣和功力。

函套

封面

版式

装　帧　潘岱予
书　名　新世纪长篇小说系列——神谕
出版者　中国工人出版社

装　帧　王　晖
书　名　梵高传
出版者　北京出版社

封面

封面

装　帧　王书朋
书　名　希特勒与艺术
出版者　百花文艺出版社

装　帧　王书朋
书　名　学人说梦
出版者　百花文艺出版社

封面

封面

装　帧　汪二可
书　名　叶灵凤书话
出版者　北京出版社

装　帧　汪二可
书　名　阿Q70年
出版者　北京十月文艺出版社

**叶灵凤书话**

凡为学者的论著所作的装帧，封面总要求具有书卷气，但在浓郁的书卷气之中如何融入现代美感，则是当下装帧设计家们探索的重要课题。

《叶灵凤书话》的设计温文尔雅，在平淡和谐的视觉氛围之中，显示著作文质彬彬的学者风度，封面上方充满韵味的图案，为和谐与淡雅的气氛增添了清新明丽的神采。《叶灵凤书话》是在和谐中显现出了俏丽，是在淡雅里显现出了一丝秀媚。

《叶灵凤书话》的新意还在于设计者在封面中融入了她的T理念，以文字与图形横竖交错的T形组合，打破传统的和谐，由此寻求视觉张力。这种T形构成的运用，无疑为以传统和谐为基调的封面增添了丰富的视觉内容和动感旋律。

封面

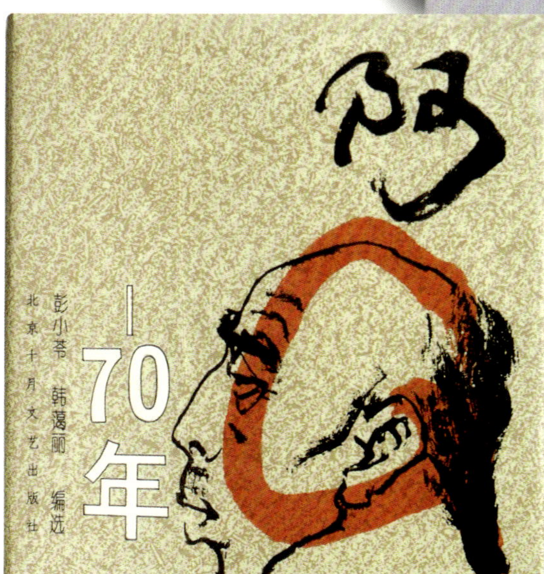


封面

装　帧　桑吉芳
书　名　颠倒丛书
出版者　上海科技教育出版社

装　帧　林胜利
书　名　东西方文化评论
出版者　北京大学出版社

封面

### 东西方文化评论

东西方文化精神存在着差异，东西方文化在相互的传播过程中，往往产生出理论之外的效果，一些从事东西文化比较研究的学者把这种效果称之为“理论的放大失效”。在研究东方文化时，一旦有了西方文化作为研究的参照系，那么对东方文化的特征研究也就更透彻了。封面上的图案“眼睛”极为形象地暗喻着这种对比，而“眼睛”图案在白色封面与黑色封底的对比之中更显得强烈之极，正好表达着装帧设计者的创意主题。

形式意味是一切设计家追逐的目标，但是，有不少设计者在玩弄形式意味的时候往往脱离内容，脱离内容的玩弄形式是当今装帧艺术界浮躁的重要原因之一。难得《东西方文化评论》的装帧设计，把形式意味与书籍内容结合得如此完美，这本装帧设计给人们留下难忘的印象也就不足为怪了。

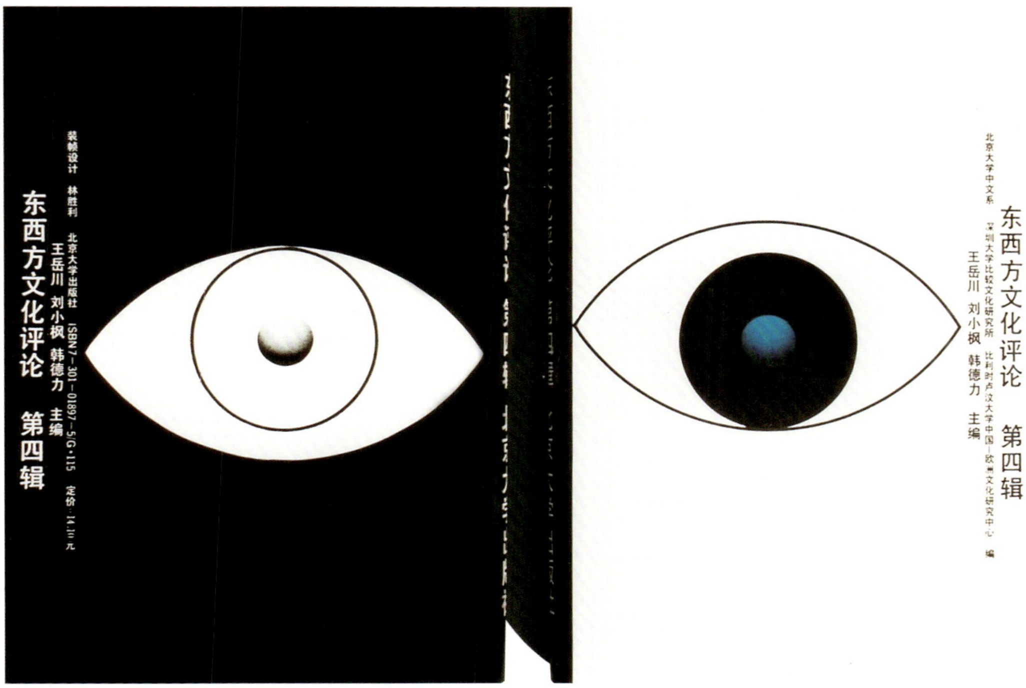


封面

装　帧　陶秀莲
书　名　神·鬼·人
出版者　陕西人民教育出版社

封面

硬封

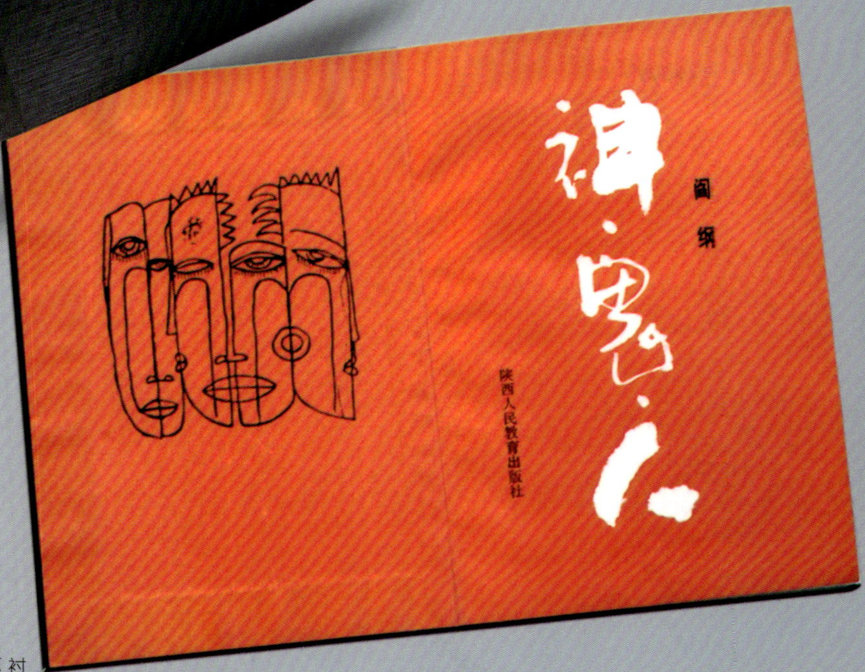


环衬

装　帧　苏　旅
书　名　扇画清赏
出版者　广西美术出版社

装　帧　张幼农
书　名　注定胜利
出版者　海天出版社

封面

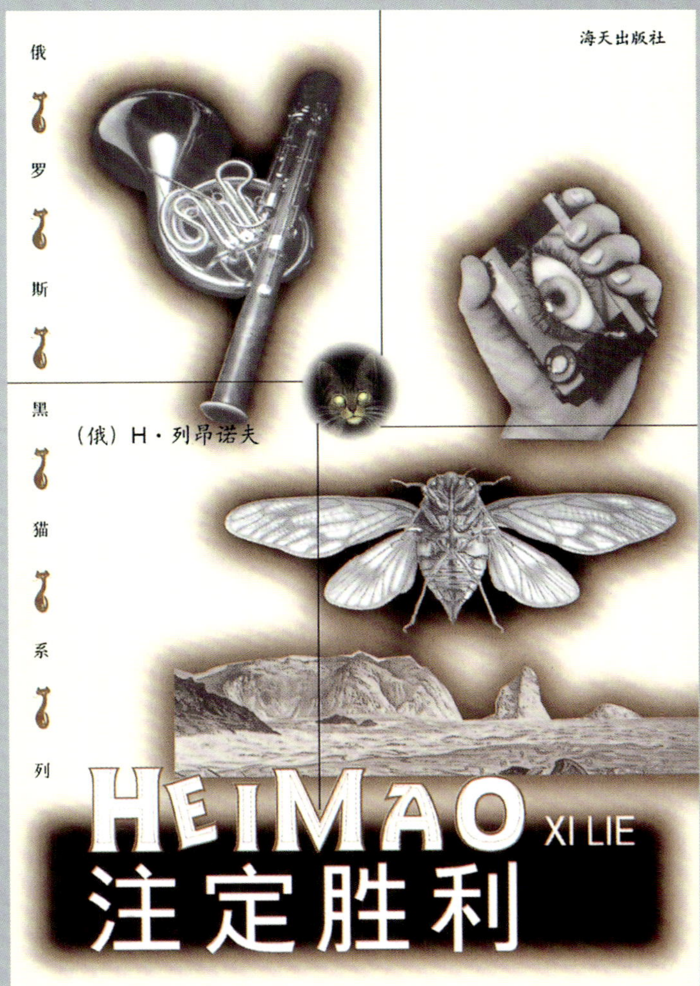


封面

装　帧　王国玲
书　名　中国丝绸之路辞典
出版者　新疆人民出版社

装　帧　王国玲
书　名　阿拜之路
出版者　新疆人民出版社

装　帧　王国玲
书　名　现代维吾尔族文字语言正字正音词典
出版者　新疆人民出版社

封面

封面

封面

装　帧　沈兆荣
书　名　金文大字典
出版者　学林出版社

硬封

函套

装　帧　应善昌　顾　捷
书　名　中国民间美术图说
出版者　浙江文艺出版社

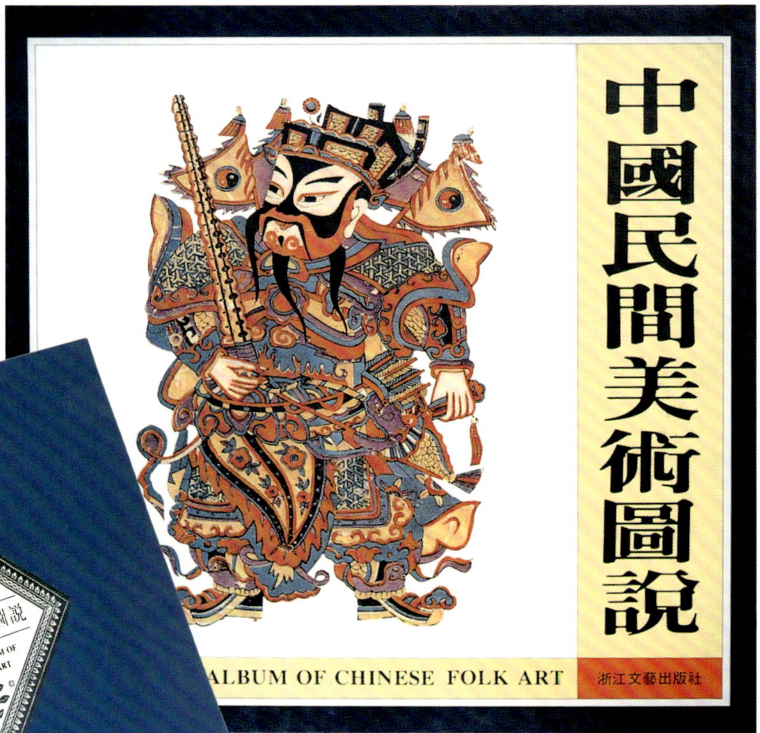


封面

硬封

环衬

装　帧　应善昌
书　名　中国巫傩面具艺术
出版者　江西美术出版社

函套

硬封

环衬

装　帧　郑在勇
书　名　牛津简明音乐词典
出版者　人民音乐出版社

装　帧　郑在勇
书　名　二十世纪外国音乐家词典
出版者　人民音乐出版社

**牛津简明音乐词典**

用具象作词典封面也算一个突破、一次创新。精神透出，生机迸发，似如一曲流丽乐章凝于纸上。小提琴绝妙的拍摄角度，以及在封面、封底恰到好处的位置经营，以及它在折叠后的独特的视觉效果都给读者产生了如音悦耳、如思缠绵的艺术之情。整个色调像一杯浓咖啡，令人产生无穷的回味，令读者悠悠神游。

封面

封面

装　帧　黄宗湖
书　名　当代中国画技法·赏析
出版者　接力出版社

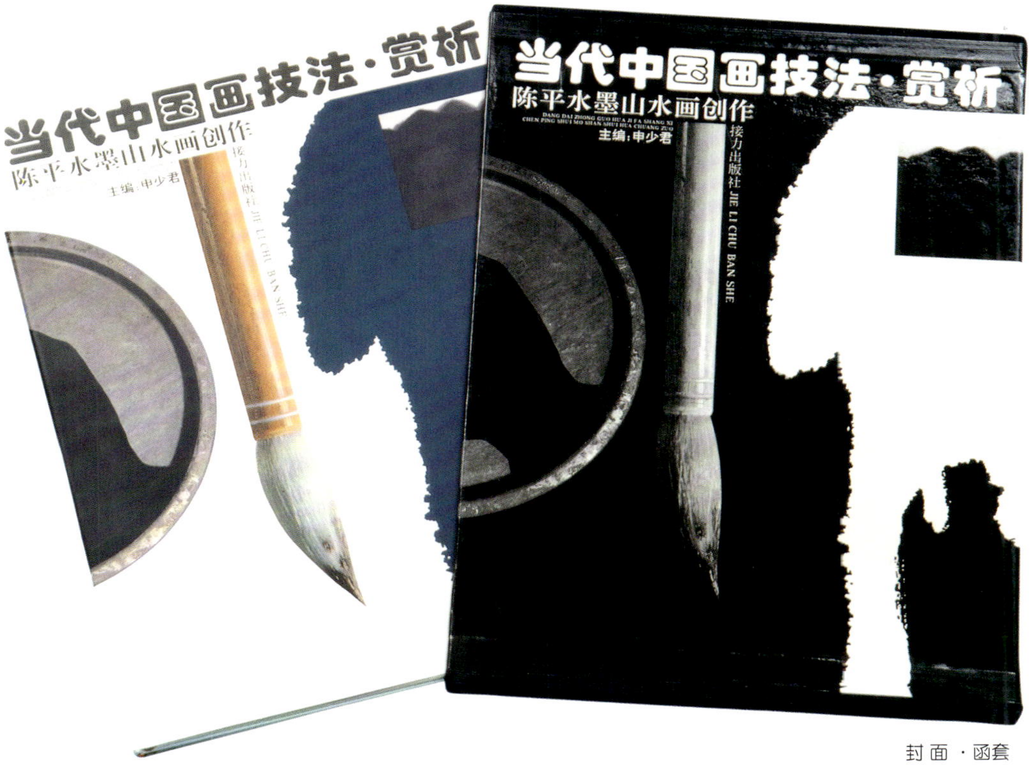


封面·函套

### 当代中国画技法·赏析

美术类图书的装帧设计应该比一般的书籍在装帧设计上更富于艺术性。但是，在当今图书市场上，美术技法书品种很多，装帧设计大多平庸没什么特色，看后总让人产生几分惋惜。当看到《当代中国画技法·赏析》的设计时，我感到了视觉的愉悦和心灵的振奋。

《当代中国画技法·赏析》的封面，没有采用以一张国画做背景的老模式。这种老模式简直成了这类图书装帧设计的思维定式，而被思维定式禁锢的设计产生的作品必然造就平庸。《当代中国画技法·赏析》在封面上，由砚台、毛笔、一块颜色、上端的书名字四要素所组成。画面十分新颖，图形中的砚台、毛笔、色块富于视觉冲击力，突破了这类图书的固有设计模式；书名字放在封面的极上端，打破了传统文化中的中庸与和谐，整个设计别开生面。黑色的函套给人以“墨色”的暗示，依然在新颖的追求中体现着中国文化的底蕴。

康德说：“美是不涉及概念而普遍地使人愉快的。”审美判断是“没有一个客观的目的表象”，美是“无目的的合目的性”。装帧艺术同样没有固定的设计模式；装帧审美同样具有无目的、无概念的审美特征。装帧设计不能从“概念”出发，不能从“模式”或规定的“目的”出发，你的设计无论采用什么形式，只要让读者感受到了美，那么就获得了成功。

装　帧　朱成梁
书　名　六朝艺术
出版者　江苏美术出版社

装　帧　朱成梁
书　名　老房子
出版者　江苏美术出版社

装　帧　朱成梁
书　名　图画故事
出版者　江苏少年儿童出版社

封面

封面

封面

装　帧　尚云波
书　名　北京四合院
出版者　北京美术摄影出版社

装　帧　王义钢
书　名　中国民居
出版者　浙江人民美术出版社

**北京四合院**

站在北京四合院的大门口，透过半开的门扉已经看出点院落里边的讲究了，不由得信步而进，去打开书扉。

封面

封面

装　帧　吕敬人
书　名　中国民间美术全集
出版者　山东教育出版社
　　　　山东友谊出版社

### 中国民间美术全集

宗白华先生说，中国历来有两种审美理想，一种是“初发芙蓉，自然可爱”的美，一种是“错采缕金、雕缋满眼”的美。他认为，春秋时代的“莲荷方壶”、楚国的漆画、今天京剧的服装，是“错采缕金、雕缋满眼”的美，而陶器、中国的“玉”文化、陶潜的诗、宋代的白瓷，则是属于“初发芙蓉”的美。

“初发芙蓉，自然可爱”和“错采缕金、雕缋满眼”这两种中国传统的审美理想，理所当然地影响着中国的装帧艺术。明清以来的中国书籍装帧，多追求“初发芙蓉”的清淡之美，在清淡与宁静中显现书卷之气。但是，明清书籍装帧的后期一味的求淡求静，淡到了极点，几乎走向了反面，以至使得封面显得毫无生气。而《中国民间美术全集》的装帧之美，显然不是“清淡”的美，而是另外那种“错采缕金、雕缋满眼”的美。这对于长期只限于视“淡雅”为“高格调”的中国书籍装帧艺术来说，是一次成功的突破。

### 子夜手迹本

珍藏本，是当今一种流行的出版现象。出版家和设计者出书与其说是为了供人阅读，不如说重点是为了供人们收藏。于是，这一出版现象为装帧家提供了难得的表现才能的良机。

《子夜手迹本》采用了仿中国明清古籍的装帧形式，但比明清古籍的装帧要精美得多。明清古籍多淡泊虚灵之气，而《子夜手迹本》则既有淡泊与虚灵之飘逸，又在飘逸之中融入了富丽的工艺雕琢之美。

以中国明清古籍的装帧形式为基础，又不固守陈旧的模式，保持中国古籍的神韵，在形态上加以发挥，是本书装帧的又一特色。

整体

装　帧　吕敬人
书　名　子夜手迹本
出版者　中国青年出版社

函套

函套

封面

装　帧　邵大维
书　名　五月花
出版者　重庆出版社

封面

环衬

装　帧　阙　明
书　名　回忆旧北京
出版者　北京燕山出版社

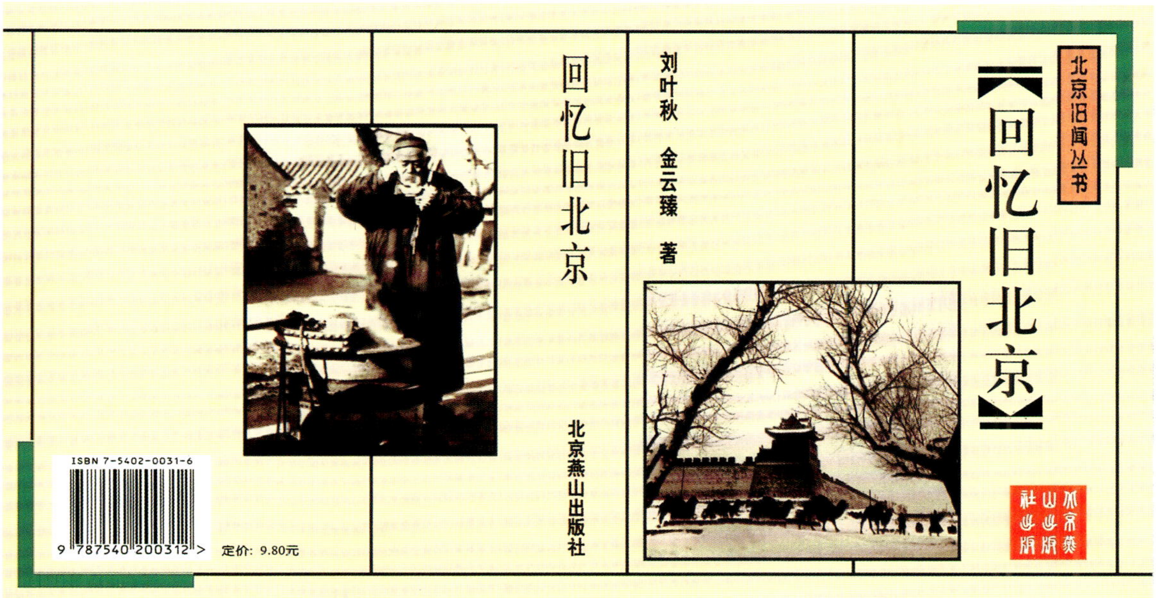


封面

扉页

装　帧　白慧敏
书　名　实用色觉检查图
出版者　天津科学技术出版社

装　帧　白慧敏
书　名　广告装潢设计百科
出版者　天津人民美术出版社
　　　　天津科学技术出版社

装　帧　白慧敏
书　名　临床骨科学
出版者　天津科学技术出版社

封面

**实用色觉检查图**

封面的多色彩和封底的黑白灰把色觉的主题单刀直入地提出；全书打开来是一双眼睛：封底的那一只全色盲，封面那一只色觉健全。选用红绿做主调，切合色盲人群中红绿色盲占相当比例的医学规律，补色对比又有强烈的装饰感。

封面

**临床骨科学**

本设计的创意堪称绝妙。避开绝大多数骨科类科技书在骨骼解剖图上做形式变换的直白，用象征的手法表现丰富的内涵。人字形的支架富有多重意味；断裂的主干通过金属部件的连接和支撑得到修复，相信骨科大夫对这样的劳作绝不会陌生；最妙的是主干上生出嫩绿的新芽，点明了骨科学对生命的价值。应该说这样的创意既充满理性，又富人文的感情色彩，这对科技书是十分难得的。至于该设计构图严谨，设色凝炼，黑白灰节奏分明，文字安排大小疏密有致，则毋庸赘言了。

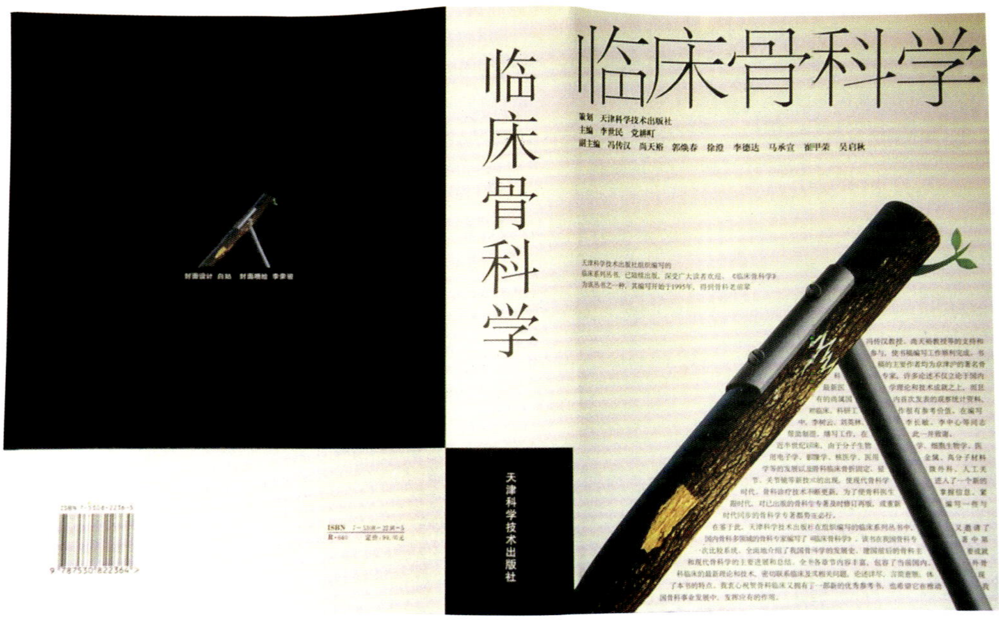

封面

装　帧　杨利禄
书　名　张大千画集
出版者　上海人民美术出版社

装　帧　丹　森
书　名　江格尔史诗
出版者　内蒙古教育出版社

封面

封面

装　帧　高　原
书　名　中国儒学百科全书
出版者　中国大百科全书出版社

装　帧　赵　沛
书　名　中国当代气功全书
出版者　中国体育出版社

封面

封面

装　帧　黎隆安
书　名　装饰工程设计施工预算实用手册
出版者　河南科学技术出版社

装　帧　梁　珊
书　名　绝望的反抗
出版者　浙江文艺出版社

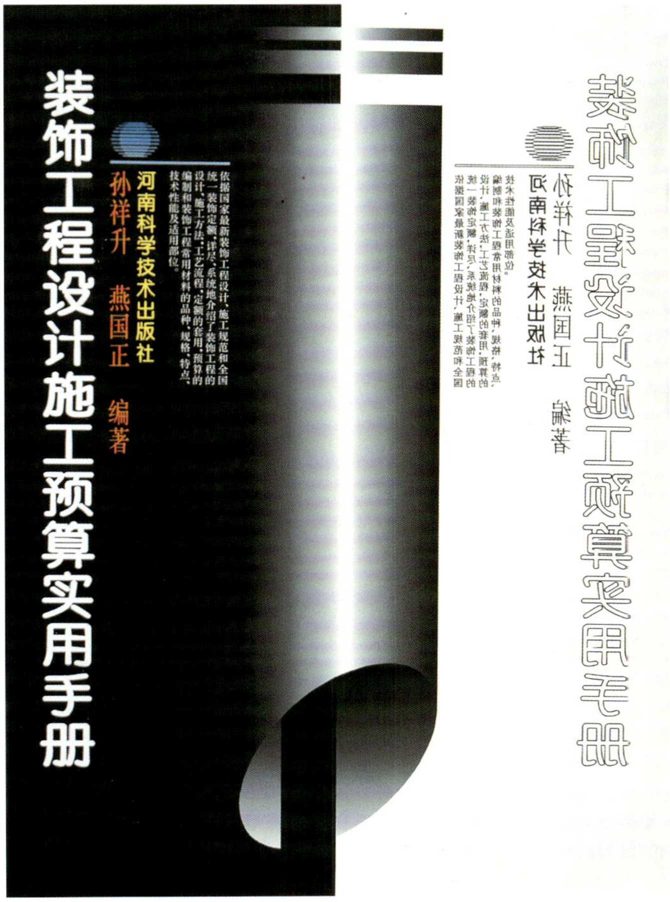


封面

**装饰工程设计施工预算实用手册**

占据画面中央的圆柱形有如特殊材质的翻卷的外层，左右两边文字在黑白块面上形成的镜面效果，这些都与书题相关。更重要的是这些被如何表现出来，特别是中央的圆柱形的质感、光感与形体的近乎完美的表现，使整个设计迈上层次，使高的档次和品位落在了实处。

封面

**绝望的反抗**

封面上方的黑色版画在视觉中产生的压抑感，为装帧创意的主题定下了沉闷的基调。封面下半部分的红色书名字像是愤怒的火焰，点明了书籍的主题。

形与色可以传达情感，《绝望的反抗》的成功就在于设计者有意调动了形与色对视觉的影响力。西方现代著名美学家冈布里奇认为："一切艺术都起源于人的心灵。"装帧家应该特别注意研究视觉产生的情感反映，特别是形式意味在审美活动中的作用，因为在书籍封面小小的方块之内，一条线、一块色都可改变设计的节奏，使设计的结果产生质的变化。

装　帧　速泰熙
书　名　叶兆言文集
　　　　——绿色咖啡馆
出版者　江苏文艺出版社

装　帧　速泰熙
书　名　金犀牛丛书
　　　　——远河远山
出版者　明天出版社

装　帧　速泰熙
书　名　音乐的故事
出版者　江苏人民出版社

封面

封面

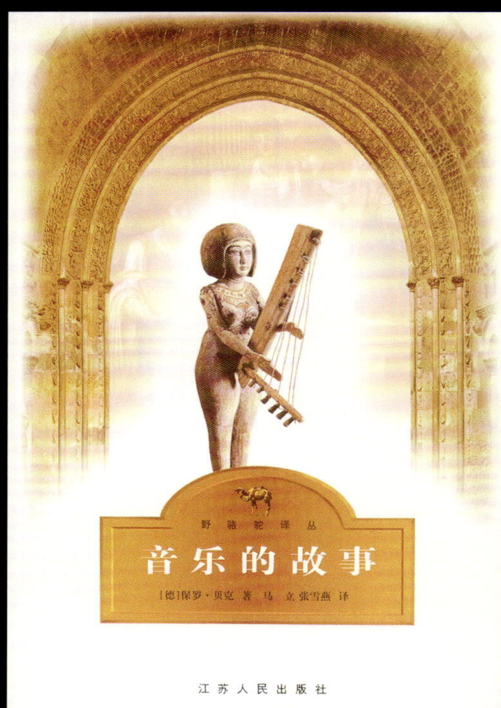


封面

封面

环衬

装　帧　杨石友
书　名　绿化广东画展选集
出版者　岭南美术出版社

装　帧　王悦玉
书　名　经络考辨
出版者　青岛出版社

封面

封面

装　帧　曹定泉
书　名　克里斯托夫·芒克
出版者　河北美术出版社

装　帧　王　序
书　名　米雪布维
出版者　中国青年出版社

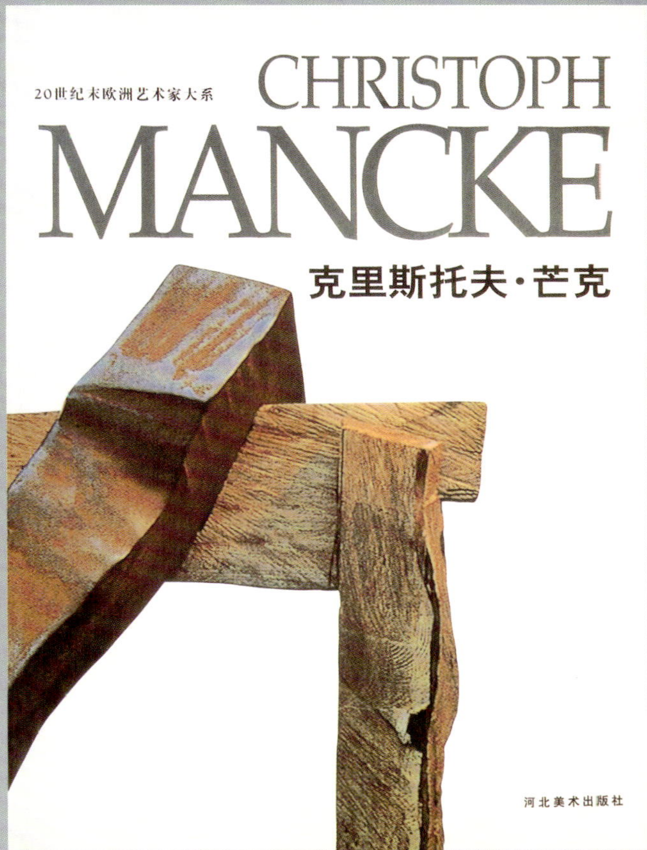


封面

封面

装　帧　宋丕胜
书　名　雪莱诗选
出版者　花山文艺出版社

装　帧　丁动玲
书　名　日本史
出版者　南开大学出版社

封面

封面

装　帧　黄华强
书　名　动物园的内幕
出版者　中国林业出版社

**动物园的内幕**

1990年推出的这本书的设计在装帧界乃至出版界曾引起小小的震动。这本书的设计把呼吁多年的整体设计的观念付诸于实践，在当时确实起着一种导向作用。从封面到版式，设计者调动平面设计的各种形式语汇营造着秩序感，局部的变化和变异使画面富有生气。封面的冠冕鹤像一位花枝招展的导游小姐，从动物园的窗口招呼着好奇的人们。

封面

版式

装　帧　毛国宣
书　名　华盛顿
出版者　中国社会科学出版社

装　帧　毛国宣
书　名　流年碎影
出版者　中国社会科学出版社

**流年碎影**

文竹碎影寓文心，这是我对本书的印象。设计者以文竹这一极平常的草本植物为图形，作为封面和护封形象，不同的是它们仅用阴、阳图的反转予以区分。艺术家的用心在于“简”，立意在于“纯”。实属奇思妙笔之举。从护封说，是属“绘事后素”；从封面说，是追求深沉绝丽之境，从而形成互相关联照应，如此高义薄云之作，可见良工心苦。文竹还可使读者萌生对文人之品格的赞颂。人常说，文如其人，书如其人，这一设计可做为一例证。设计体现了作者张中行老人所特有的轻松自然，犹似任意为之和文章多是实话实说。先生之为文蕴蓄的味之纯、情之真，以博杂而开启读者，以情趣陶冶读者的内功，都用文竹飘洒飞扬的星星点点之形巧妙而含蓄地显现给了读者。设计情调外表清淡，内味悠悠，画面的空旷处理，使读者阅后视野开阔，联想驰骋。对此设计张先生曾说：“启功先生题写书名，我亲眼见，是谈笑间。毛国宣先生设计封面我未眼见，用多大力量我不知道，总不会是谈笑间吧。”如不是用心，哪能有使人望而可亲、见而不忘的魅力。

封面

封面

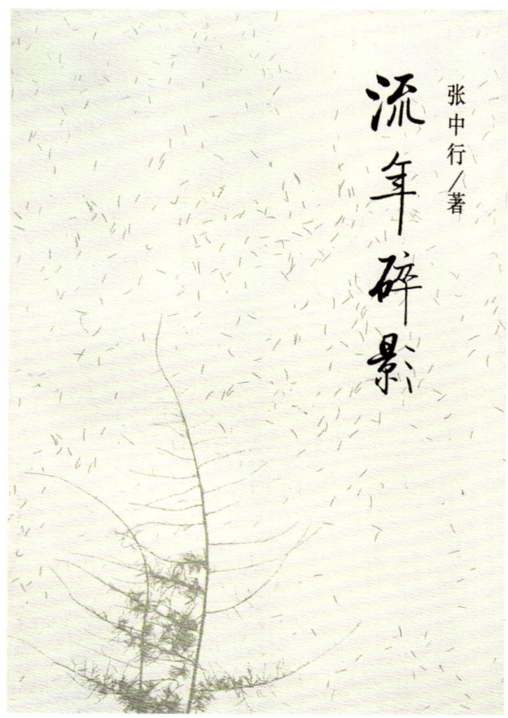

内封

装　帧　毛国宣
书　名　抓髻娃娃
出版者　中国社会科学出版社

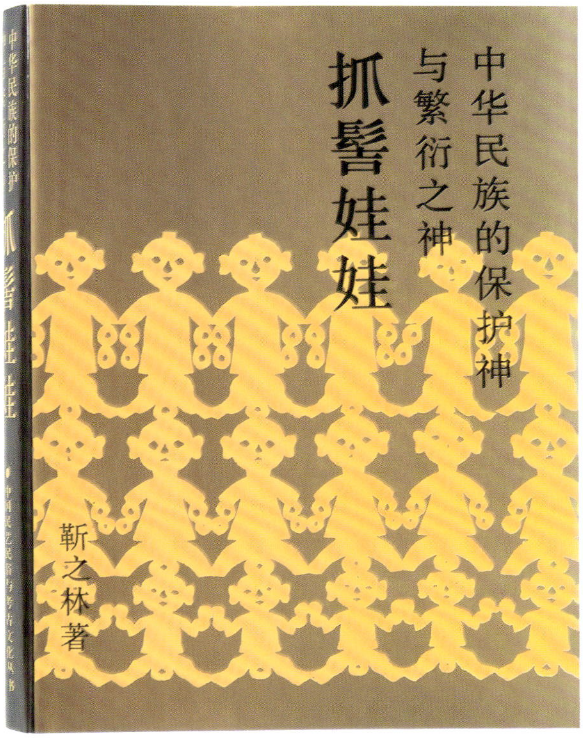


封面

环衬

装　帧　李晓兰
书　名　三国韬略
出版者　中国人民大学出版社

封面

硬封

封面

装　帧　华克齐
书　名　中国现代名家童话选
出版者　新蕾出版社

装　帧　温克信
书　名　当代女企业家
出版者　江苏科学技术出版社

装　帧　温克信
书　名　英语同源词典
出版者　江苏科学技术出版社

**英语同源词典**

发散的图形意会着一个心点，层层叠叠的面又形成立体的感觉，稳定的中轴被富于现代意味的图形分割。这是一帧凭形式变换取胜的作品。对这类很难用具象的图形去表现的设计，抽象的图形不仅形成视觉上的节奏感，而且含有特定意味的符号意义。

封面

封面

封面

装　帧　朱　芸
书　名　世界硬币图录精编
出版者　北京出版社

装　帧　揭同元
书　名　笊篱门杂笔
出版者　江西人民出版社

封面

### 笊篱门杂笔

诗人朱湘先生说："拿起一本书来，先不必研究它的内容，只是它的外形，就已经够我们赏鉴的了。"话不多，但他道出了装帧艺术作品在出版社和读者心中的地位。有人说："最能体现时代感的设计，是空白和分割。" 丛书只用一个色，书名字体是规规矩矩的宋体，没扭曲变形，没特技处理，画面选用的是有清纯感的木刻，加之大面积的空白处理，塑造了一个洗练、平淡、恬静、清雅的形象，散发出一股诱人的书卷气味。翻阅全书营造出的是以小见大和谐而有序的效果。放下书我则有品味美酒和佳茗后的舒畅。

封面

装　帧　吴烈民
书　名　钢铁是怎样炼成的
出版者　漓江出版社

装　帧　张文璞
书　名　滇国与滇文化
出版者　云南美术出版社

封面

封面

装　帧　朱　虹
书　名　川端康成文集
出版者　中国社会科学出版社

装　帧　朱　虹
书　名　伊朗通史
出版者　经济日报出版社

封面

封面

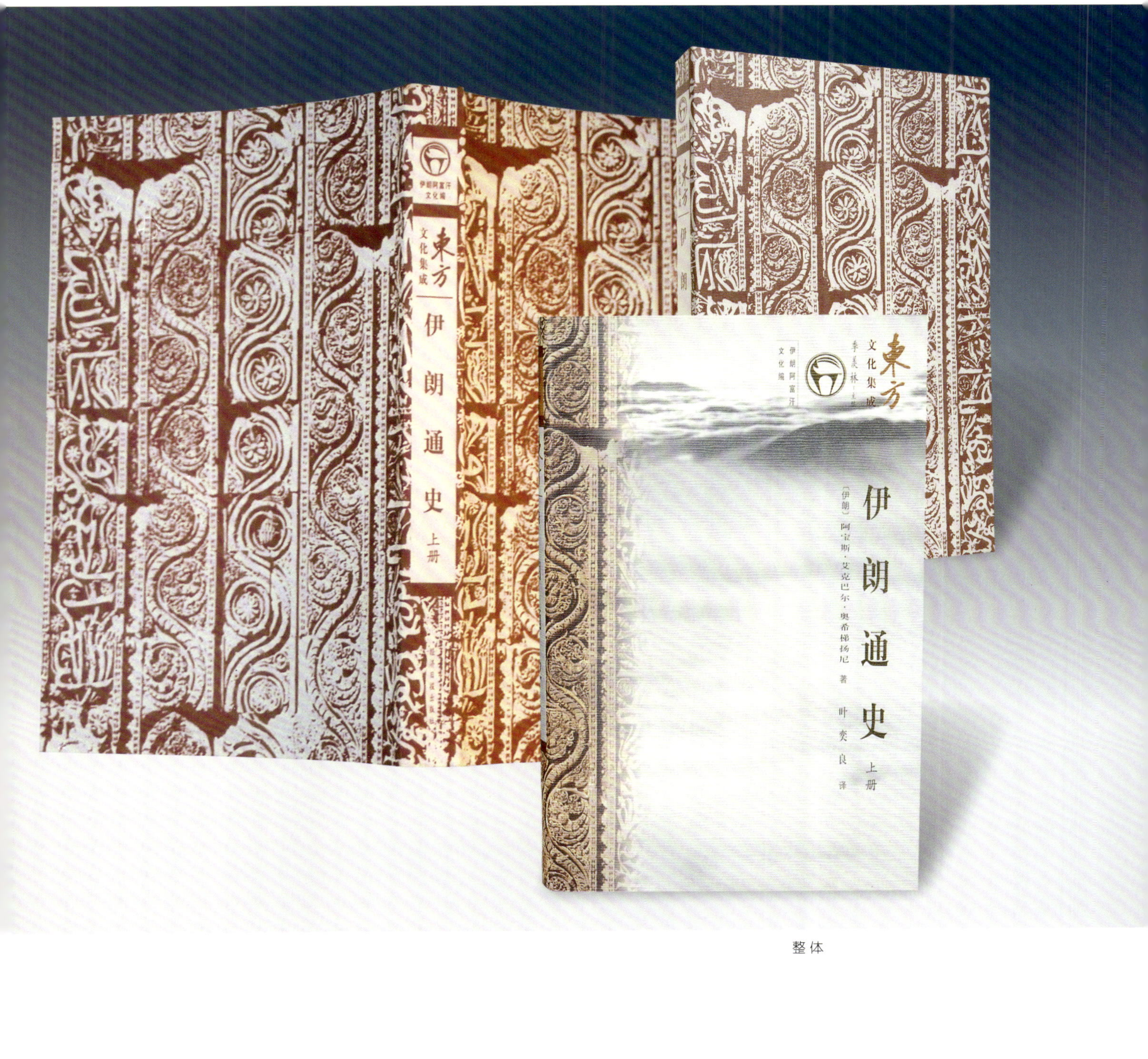


整体

装　帧　陈小南
书　名　齐白石画虾画蟹
出版者　西泠印社

装　帧　赵小卫
书　名　共享繁荣——世界经济的现状和未来
出版者　上海远东出版社

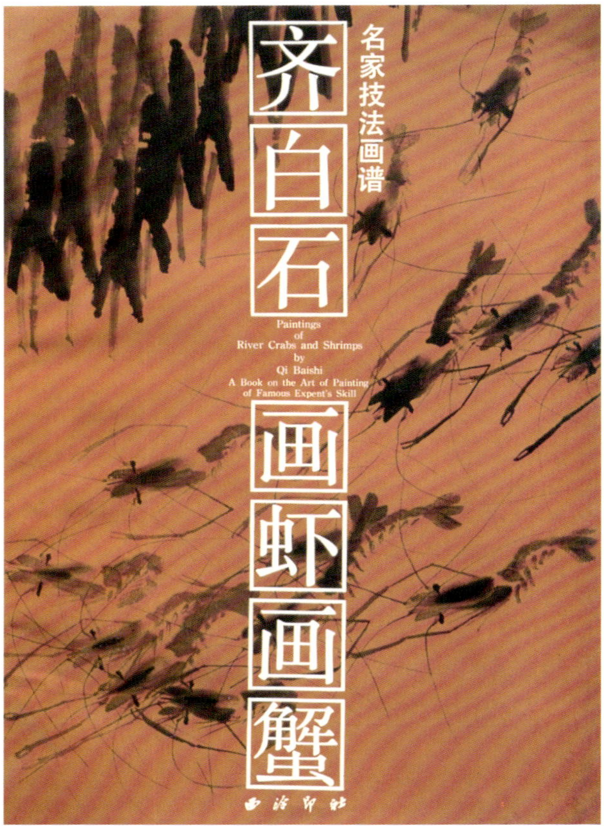


封面

封面

封面

装 帧 慈向群
书 名 现代十大思想家——波普传
出版者 河北人民出版社

装 帧 贡小秋
书 名 民俗语言文库——咒与骂
出版者 河北人民出版社

装 帧 贡小秋
书 名 民俗语言文库——口头禅
出版者 河北人民出版社

**民俗语言文库**

这个小文库共四本:《吉利话》、《神秘数》、《口头禅》、《咒与骂》。它的成功，在于淳朴恬静、本色自然。在当今五光十色的书苑中，它像一片绿阴。设计者能以传统为本，还能跨越传统的樊篱，用自己的思维和审美情愫巧用传统的艺术语言，道出了他成功的核心，可见这是一件厚积薄发而得的精品。我品出的是：1. 把主题用剪纸来表现，用得好，其形式感和色彩效果都很典型而强烈。他保留了剪纸的白底红图基调，道出了“色彩即思想”(罗丹)理论的真谛，体现了直白如话的单纯和朴素的品位，蕴含着民歌般的音律。2. 大大的黑色书名，一目了然，更绝妙的还是书名字体的主见性抉择，它能引发读书人许多的联想。3. 封底所蕴含的意趣，不仅有品茶聊天的氛围，也密切了与封面的呼应。这一贴题的立意，实实令人叹赏。

封面

封面

装　帧　张　卫
书　名　童话十家
出版者　海燕出版社

装　帧　张　卫
书　名　寓言十家
出版者　海燕出版社

**童话十家　寓言十家**

张卫的设计，有八个字的印象：童心可贵，童趣可爱。设计上的“一家横割一江山”气魄，源于他能博采杂糅。他是个“不安分守己”的艺术家，我们听他怎么说：“儿童们画画从不绞尽脑汁，不刻意经营（绞尽脑汁和刻意经营可说是设计家的优点，也是通病），而是在直觉和感性中乘兴而致，信笔涂抹，由于少有成见，易入自由境地，思想没有束缚，当然也是创造的契机。”所以他的设计就有“须教自我胸中出，切忌随人脚后行”（戴复古）的势态。他好像一直都用浓色、单色、纯色、强对比、大色块，我行我素不计较种种议论。

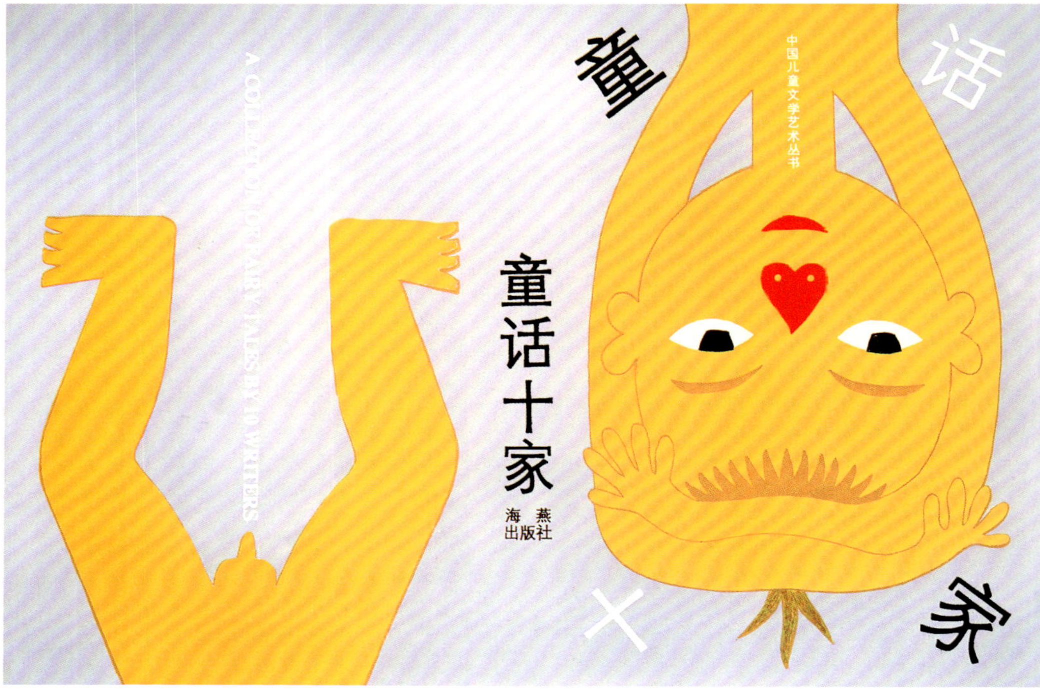

封面

封面

装　帧　柳　泉
书　名　艺术的第二次诞生
出版者　人民文学出版社

装　帧　刘　梅
书　名　神奇的雅鲁藏布江大峡谷
出版者　海燕出版社

封面

封面

装 帧 柳 泉
书 名 商 界
出版者 人民文学出版社

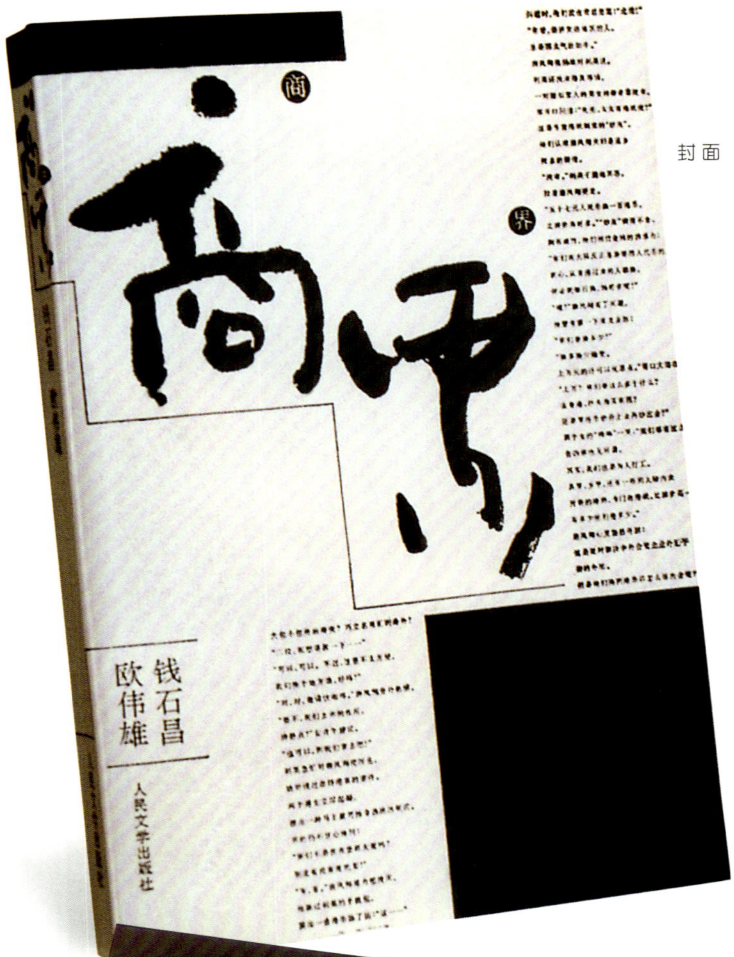


封面

## 商 界

商界是一个没有华丽色彩的黑与白的世界；商界是一个棱角与界面分明，此消彼长，在相互的对照与制约中显示着平衡的世界。在文艺书中，这是一件很有特色的设计。设计者运用构成手法，营造出一个点线面、黑白灰的生动画面，现代书法的书名沿着骨架线拾级而下，与整体形成对照，颇富空灵之气，又使整个设计重新具有文艺书的气息。

环衬

装　帧　张　森
书　名　设计·文明·生存
　　　　——张森论设计
出版者　河南美术出版社

装　帧　张　森
书　名　现代国际临书大展作品选
出版者　河南美术出版社

封面

封面

装　帧　梁书亭
书　名　中国民俗吉祥剪纸
出版者　中国地质大学出版社

装　帧　鞠洪琛
书　名　云南考古学论集
出版者　云南人民出版社

封面

封面

装　帧　孙　曙
书　名　中华对联大典
出版者　复旦大学出版社

装　帧　赵　沛
书　名　西方社会学理论
出版者　南京大学出版社

### 中华对联大典

这个设计具有鸿篇巨制的气势；富丽而不艳，并有浓郁的民俗意味。

封面

封面

装　帧　赵　沛
书　名　东方天鹅湖
出版者　山东文艺出版社

装　帧　何　婷
书　名　荷马史诗——奥德赛
出版者　人民文学出版社

封面

封面

装　帧　尹　澂
书　名　海明威
出版者　中央编译出版社

装　帧　贺　旭
书　名　马王堆汉墓文物
出版者　湖南出版社

**马王堆汉墓文物**

在幽黑中隐现着仿佛镌刻在石壁上的文字，是那种属于那个遥远的年代的古老文字；红色的星星点点像如豆的灯光长明，辉映着沉睡久远的昔日文明。这件设计很好地体现了那种特定的感觉，画面大气、简约凝重，色彩的使用具有沉重的历史感和时代的地域特色。

封面

封面

装　帧　祝东平
书　名　清史研究丛书——康雍乾三帝统治思想研究
出版者　中国人民大学出版社

装　帧　袁银昌
书　名　中华民族故事大系
出版者　上海文艺出版社

**康雍乾三帝统治思想研究**

一个大大的老宋体的“清”字，明示着那个过去的朝代；沉重的黑红底色仿佛散发着血腥味；宝蓝色上的中黄密密麻麻，并非皇袍上的龙纹，原来是本书的书名。色彩可以表情达意，汉字的字体选择和排列组合也可以表情达意。

封面

封面

装　帧　陆震伟
书　名　心动如水
出版者　上海文艺出版社

装　帧　李　丹
书　名　西安碑林名碑
出版者　陕西人民美术出版社

封面

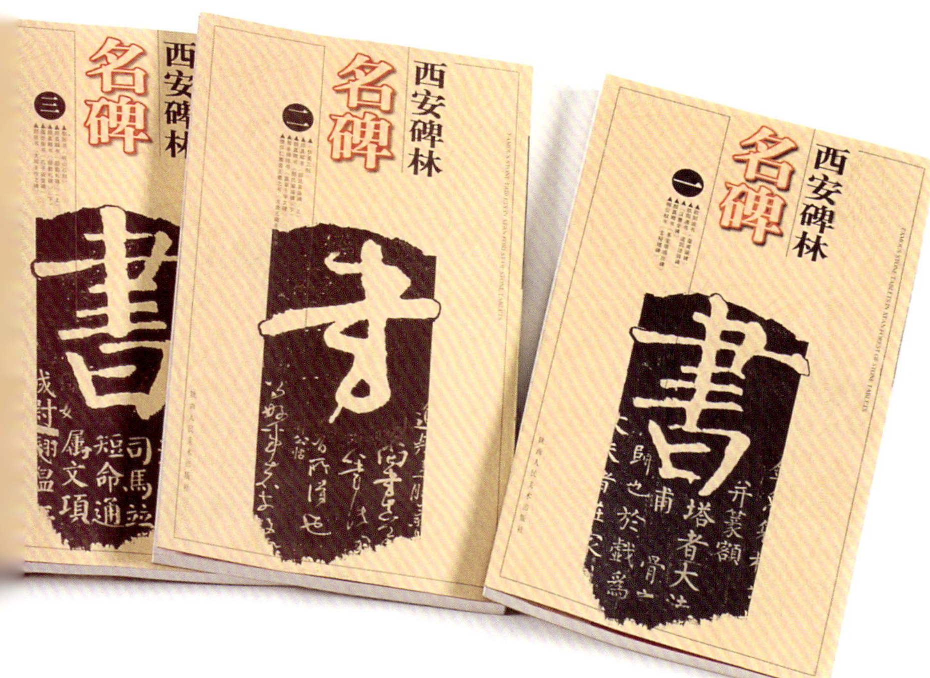

整体

装　帧　周　方
书　名　月亮遁去的夜晚
出版者　民族出版社

装　帧　刘建华
书　名　中国当代儿童诗丛
　　　　——晒月亮
出版者　湖北少年儿童出版社

封面

封面

装　帧　陈　新
书　名　安徒生的故乡
出版者　新蕾出版社

装　帧　王士忠
书　名　中医舌苔图谱
出版者　人民卫生出版社

封面

### 安徒生的故乡

海的女儿小人鱼是安徒生童活世界中最动人的形象之一，她的塑像已经成为丹麦的象征。这个画面既点题，又充满了游记文学特有的优美抒情味道。陈新的设计讲求内涵、崇尚雅致，从形式上他主张做减法，色彩求雅逸和谐。这件设计体现了他对自己设计风格的追求。

### 中医舌苔图谱

画面简洁有趣，用色凝重鲜明，从整体上又不失专著的典雅。

封面

装　帧　毛德宝
书　名　中国当代高等设计教学优秀作品集
出版者　中国美术学院出版社

装　帧　毛德宝
书　名　中国美术学院油画系七十周年纪念
出版者　中国美术学院出版社

封面

封面

装　帧　钟　嵘
书　名　藤木俱子俳句·随笔集
出版者　中国社会出版社

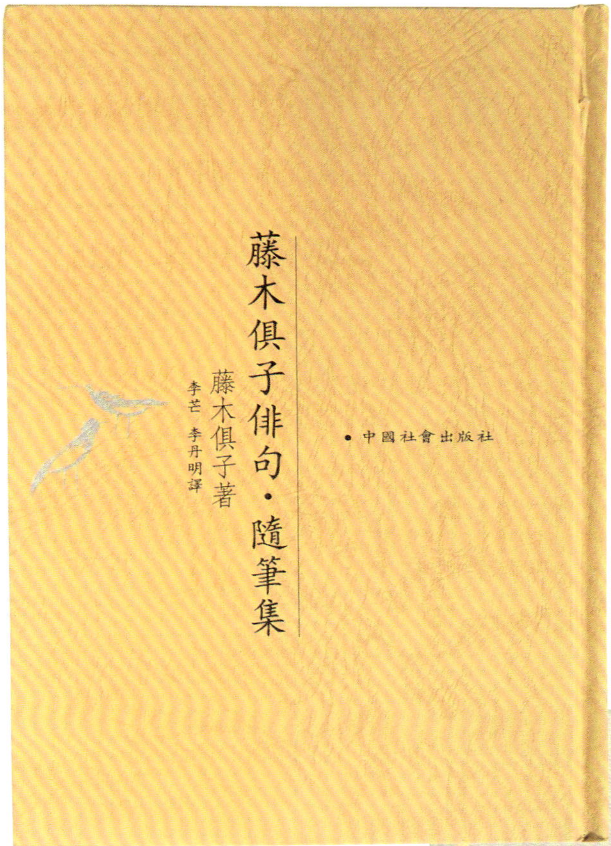


硬封

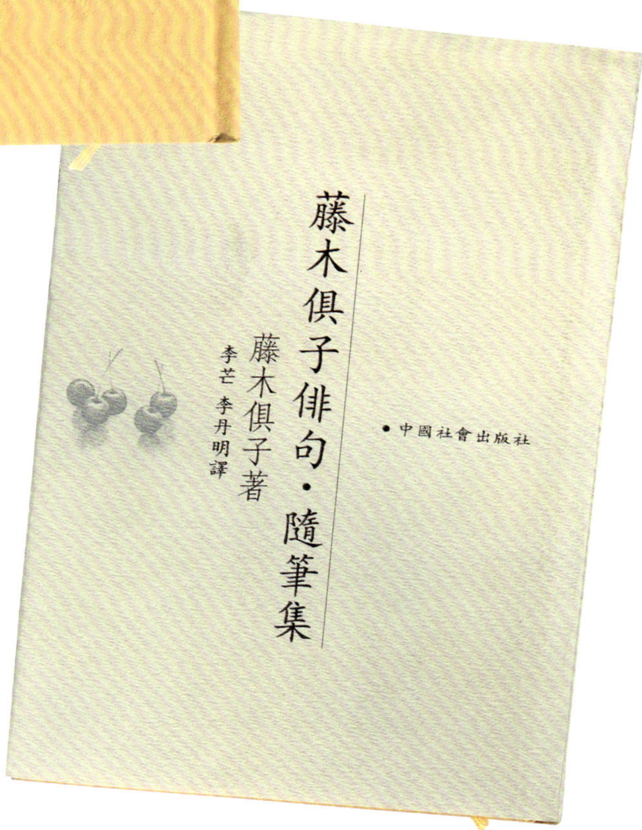


封面

装　帧　刘京川
书　名　古都西安
出版者　朝华出版社

**古都西安**

《XI’AN》(西安)最吸引读者的有二：一是照片选得好，二是色彩有分量。“画者何？意识形之于态也。”看见大雁塔的人有千万，熟悉又平淡，艺术家的慧眼从平淡中发现了美。凝重沉稳的整体，平面构成的到位，书脊与图的巧用，护封、封面、环衬色彩的连贯呼应，这种种因素的组合都没有产生堆砌、累赘感，而使读者看到的是色彩的凝重大气和力度，还有经过联想、审美意识的判断给色彩披上感性的轻纱，从而产生了色中有情、诗中有色的艺术形象。这就是色彩的兼容性。

封面

环衬

装　帧　李　芸
书　名　宋庆龄
出版者　新世界出版社

装　帧　李　芸
书　名　心之旅初探
出版者　北京出版社

封面

封面

装　帧　革　丽
书　名　躁动的百年
出版者　山东教育出版社

**躁动的百年**

处于有如路口似的十字构图中心，断裂的红色块面与错位的书名使人去意会这一本书中的历史的“躁动”和变迁。横横竖竖、层层叠叠的文字增强了装饰感，又好似那一桩桩的史实纷至沓来。作为一套整体设计的图书，其中黑与红和白与灰的简洁明快的画面给人印象深刻。

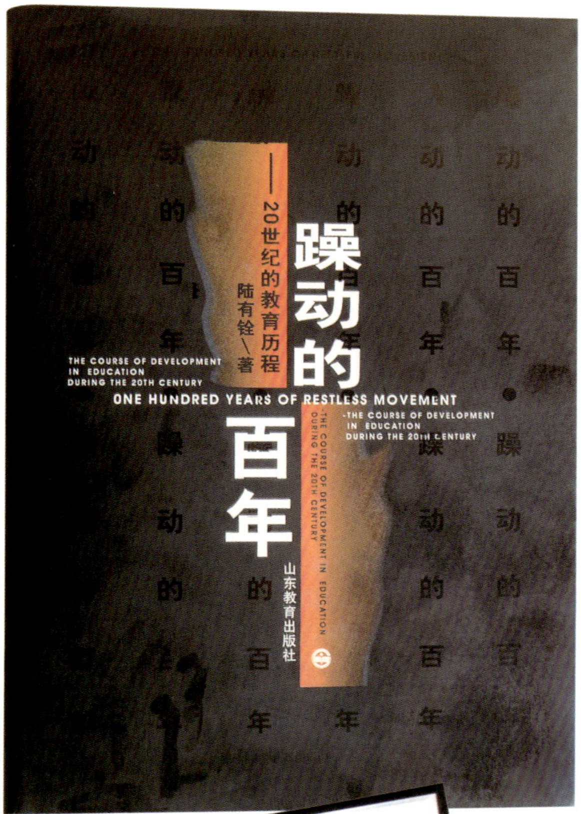


封面

环衬

书脊

装 帧 高 伟
书 名 中国古代文明与国家形成研究
出版者 云南人民出版社

装 帧 高 伟
书 名 诗性与理性
出版者 云南教育出版社

封面

**诗性与理性**

这本书，使我一见难忘，因为它有种诱发我的想象，让我兴奋，启发我灵性的功能。从整体看，它清新脱俗，章法细密，结构严整，前后一气贯通，又互相烘托。分解欣赏也很有雅趣。最使我感动的还是他只用了一个黑色，但没有生硬、寡味之感，读者看到的是艺术家以自己博学多才的素养，把“墨分五色”、“计白当黑”和绘画素描中的黑、白、灰关系的妙用。封面上的具象不但内涵恰当，也富时代感，能使读者自然地想到“文学即人学”；圆与方也有与内容相关的象征性。封面、封底黑白两个主调，书脊灰色连接黑白寓意中西文化相通性，和相互沟通、互释互融的可能性。一个黑色，艺术家竟投入了如此辛劳，真可谓“用心良苦”。

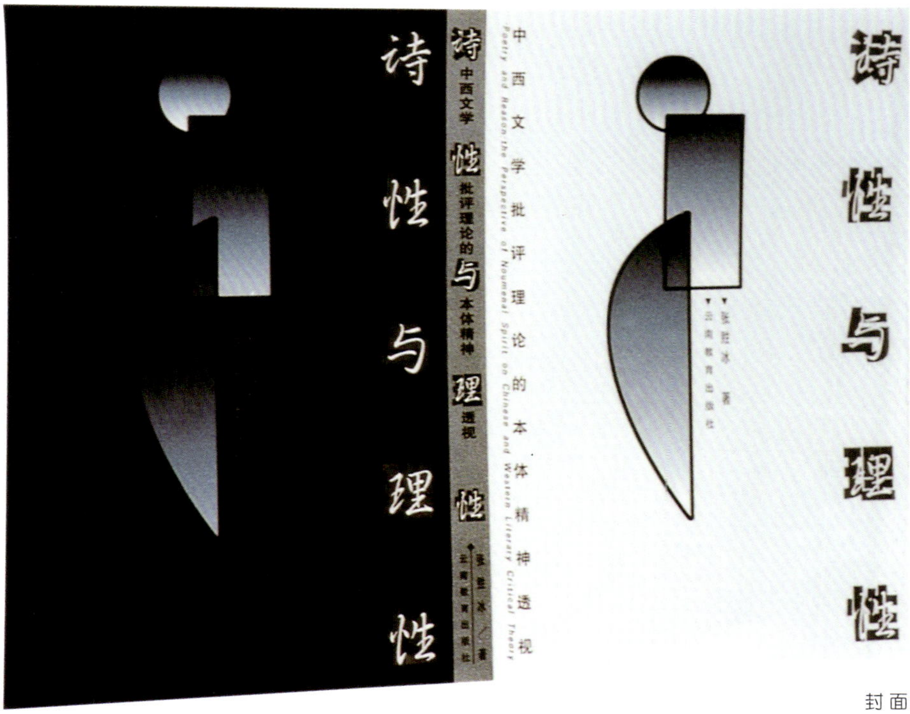


封面

装　帧　张志伟
书　名　尤金自选集
出版者　河北教育出版社

装　帧　缪　惟
书　名　叶圣陶童话·叶圣陶儿歌
出版者　中国少年儿童出版社

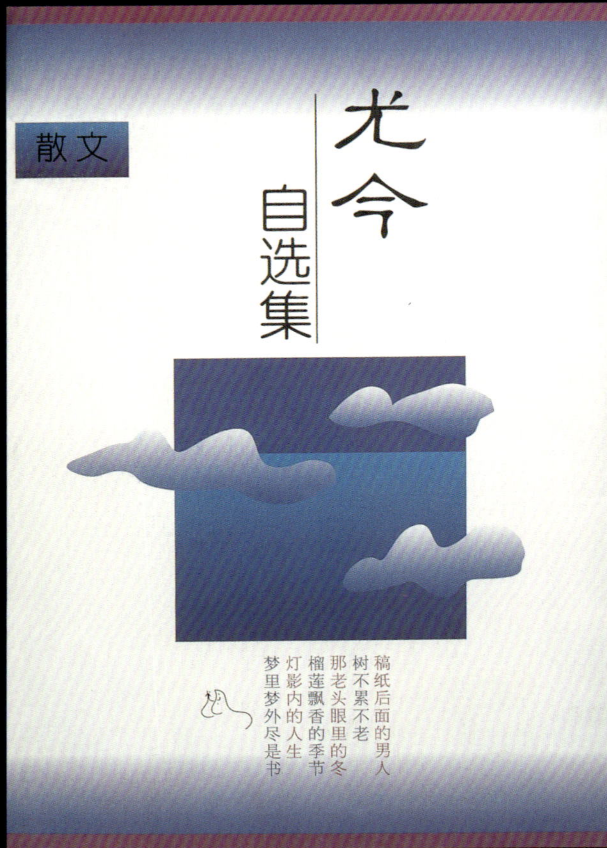


封面

封面

装　帧　陈　俊
书　名　云南物质文化
出版者　云南教育出版社

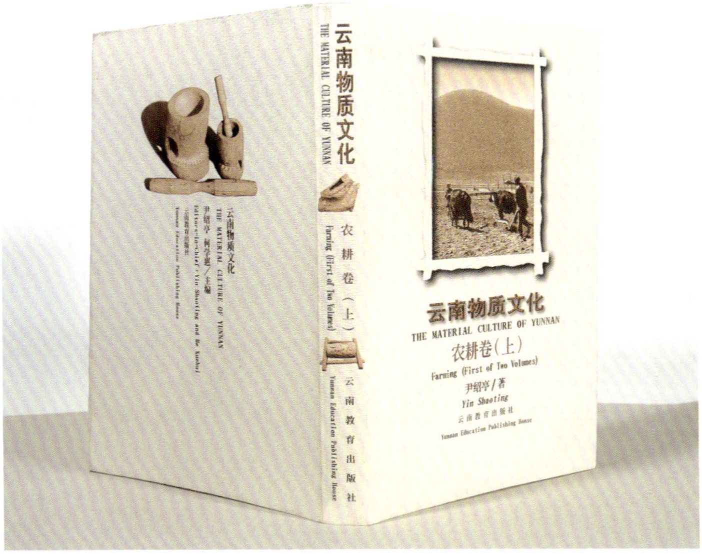


封面

环衬

硬封

### 云南物质文化

这是一本在西北、西南地区评奖中获得最美的书殊荣的设计。好在哪里？ 1.它的美包含在他所用的种种造型因素中，都处于恰到好处的协调与适中的整体风格里。2.它细而不纤、粗而不犷，功在笔下韵在构成，让读者享受到在纯净、清新、透明之中又有深旷诗般意蕴的审美情趣。

装　帧　吴　勇
书　名　自我疗法丛书
出版者　中国青年出版社

装　帧　吴　勇
书　名　共产党宣言
出版者　中央编译出版社

装　帧　吴　勇
书　名　绞刑架下的报告
出版者　中国青年出版社

封面

封面

版式

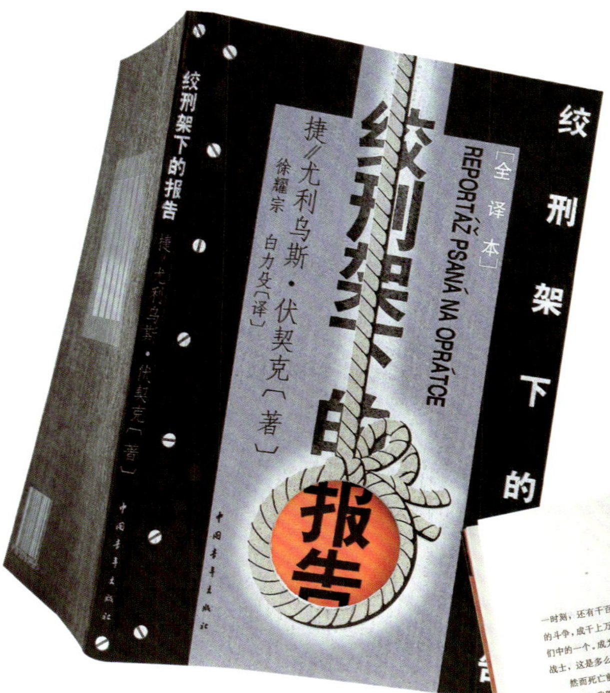


封面

版式

### 绞刑架下的报告

50年代初，捷克共产党人伏契克的《绞刑架下的报告》曾在全国青年中产生广泛的影响。当时发行量极大，装帧相当简陋。今天我们看到的是1995年再版的《绞刑架下的报告》，设计者在封面的材料上采用了暗灰色的高档特种纸，材料本身就表明了这次再版的时代感，高档的材料也显示出书籍内容的价值。书名及图案印在深灰色的特种纸上，显得庄重而肃穆。银色最后压在浓重的图案之上，似乎是在暗喻着后人对这位伟大革命者的追悼。设计者用模具在封面下方挖的圆洞，与绞索的圆相吻合，显露出“报告”两个字，增添了这本书籍的装帧趣味。

书籍装帧的美感，不仅来自画面，而且来自材料的美，以及印制工艺的美。当人们欣赏一本书的装帧的时候，美感也绝不仅来自视觉，而且与触觉有着很大的关系。装帧的材料与印制工艺的设计应被视为装帧设计不可缺少的重要环节。

装　帧　张　梅
书　名　梦幻尼雅
出版者　民族出版社

封面·版式

装　帧　赵　健
书　名　中央工艺美术学院艺术设计
出版者　河北美术出版社

硬封

封面

装　帧　杜晓燕
书　名　中国当代童话名家新作丛书
　　　　——苹果小人儿的奇遇
出版者　海燕出版社

装　帧　曹武亦
书　名　恐龙丑八怪
出版者　湖南少年儿童出版社

封面

封面

装　帧　张　华
书　名　钱钟书作品妙喻百例
出版者　河北人民出版社

封面

装　帧　尹　岩
书　名　日本医家伤寒论注解辑要
出版者　人民卫生出版社

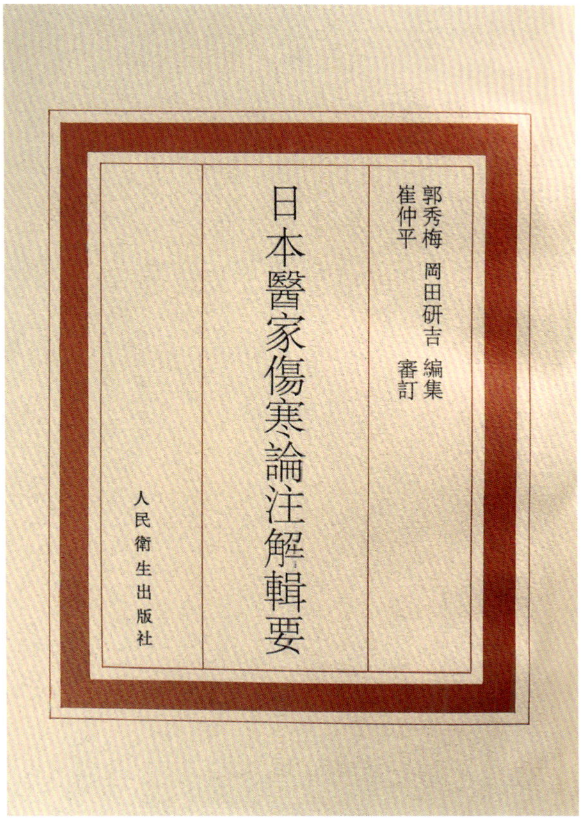


封面

装　帧　王卫东
书　名　钢铁是怎样炼成的
出版者　海天出版社

装　帧　刘艺青
书　名　道路交通安全心理指南
出版者　海洋出版社

**钢铁是怎样炼成的**

名著是最难设计的，利用名著拍摄的电影形象作书籍的封面，也可以说是一种办法。

封面

封面

装　帧　栗政平
书　名　走出历史的峡谷
出版者　山东文艺出版社

装　帧　毛玉龙
书　名　西域石窟艺术
出版者　新疆人民出版社

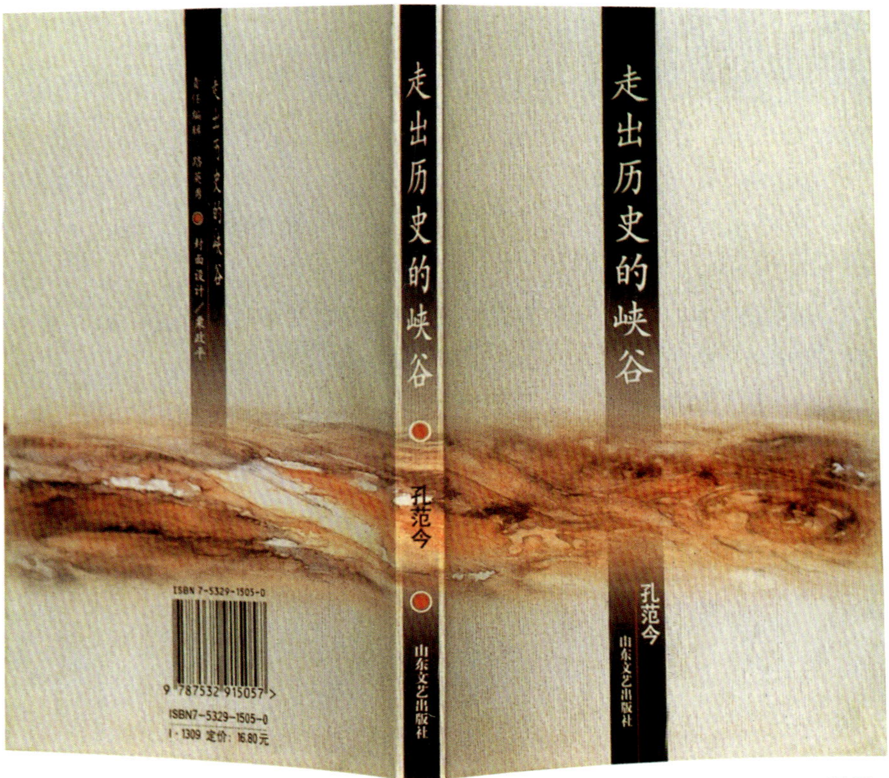


封面

封面

装　帧　向　炜
书　名　口承文化论
出版者　云南教育出版社

装　帧　姬德顺
书　名　黑　鸟
出版者　花城出版社

封面

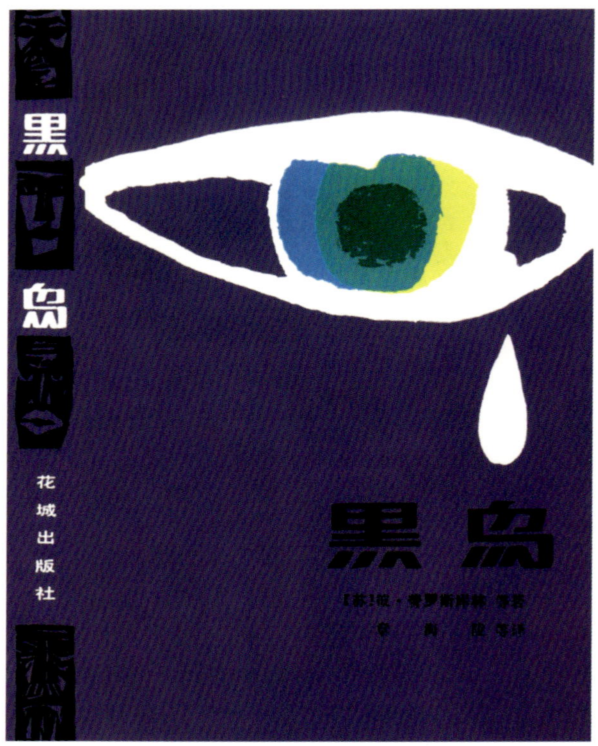


封面

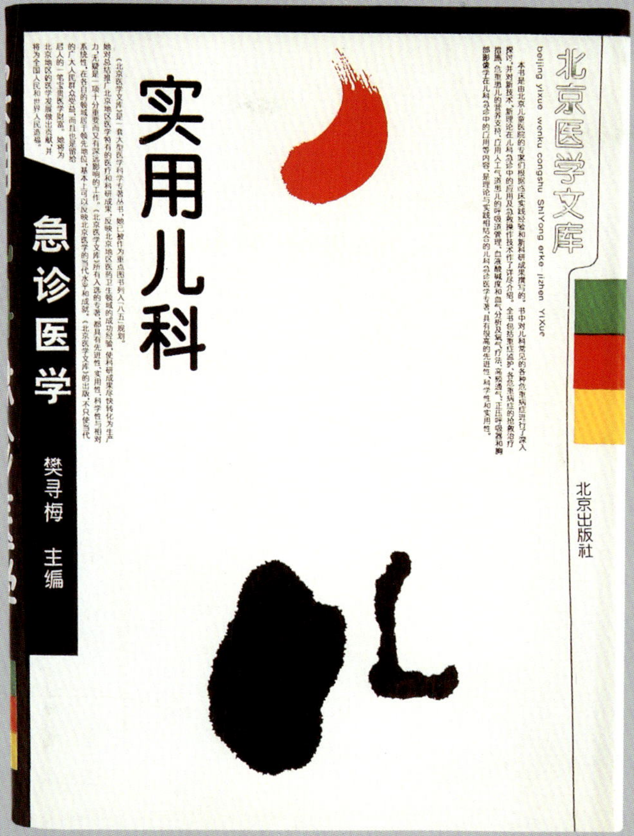


封面

封面

装　帧　冯振学
书　名　北京医学文库——实用儿科
出版者　北京出版社

装　帧　蒋万景
书　名　梁实秋文坛沉浮录
出版者　黄山书社

**实用儿科**

这套医学文库的设计在推出时颇为抢眼。大大小小的文字成为主体，形成一个有序的装饰画面。点题的现代书法与封面上部似乎漫不经心的红色的一抹，使整个设计充满生气，很有新鲜感。

装　帧　姜　明
书　名　死论——基督教学术研究文库
出版者　上海三联书店

装　帧　郭宝林
书　名　简明古钱辞典
出版者　江苏古籍出版社

**简明古钱辞典**

画面简洁，色彩凝重。书名主体稍感意外地安排在右下角，加强了一种下坠的重量感，是贴近沉甸甸的“古钱”这个主题的。自上而下的古钱依然是成串的，中间的一枚仿佛在转动，显然是该设计的“眼”，使画面活起来。右上角底色的变化是构图的需要，又增添了空灵之气；那种近于拓片的感觉，对古钱玩家的读者，从下意识里就有亲切感。

封面

内封

封面

装　帧　曹　春
书　名　早期澳门史
出版者　东方出版社

装　帧　刘小军
书　名　普希金精选集
出版者　山东文艺出版社

封面

封面

装　帧　王　众
书　名　中国急腹症治疗学
出版者　天津科学技术出版社

装　帧　王　众
书　名　中国接骨学
出版者　天津科学技术出版社

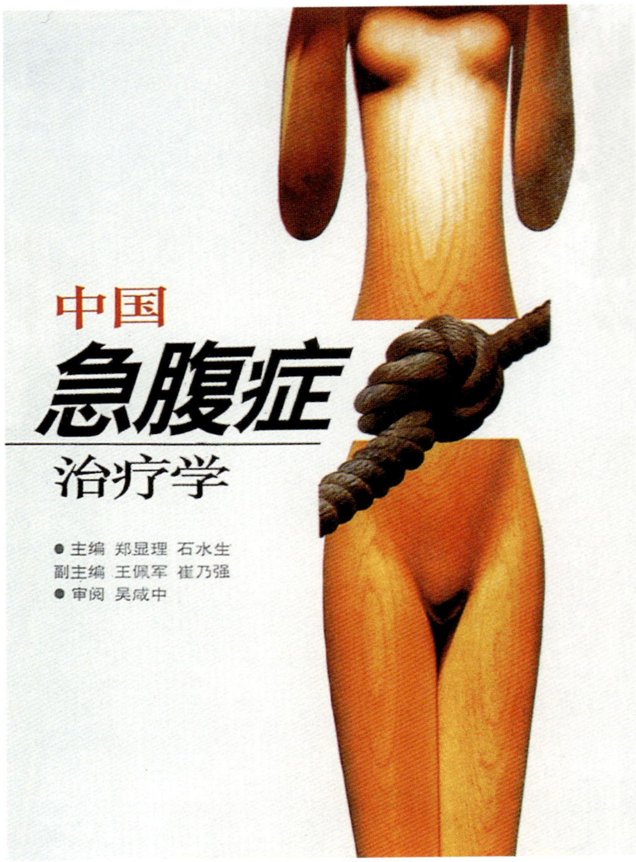


封面

### 中国急腹症治疗学

科技书装帧设计的特殊难度在于无象或有象而难以入画成艺术之象。在大多数情况下，形式手段上的变换是常用的手法，对书籍装帧这已经足够了，书籍的气质或内容也常能有所表现。这件设计的价值在于对习惯的设计思路的突破。位于画面中心位置的绳扣与书名对照，形成一种意象，从视觉冲击达到心理层面，引导读者去思考，在思考中获得会意的快感，从而加深读者对本书的印象。

### 中国接骨学

作为一部医学专著，“中国”和“接骨”是它的两层含义和专著特色。用兵马俑去置换患者的形象显然使这两层含义都有所表现。更有价值的是置换所带来的趣味感和幽默感，设计者显然不满足于科技书的直白和理性，力图去营造一种别样的气氛。有人说这种设计是超现实主义的，不拘什么主义，探索和求新对装帧艺术的多样化总是有意义的。

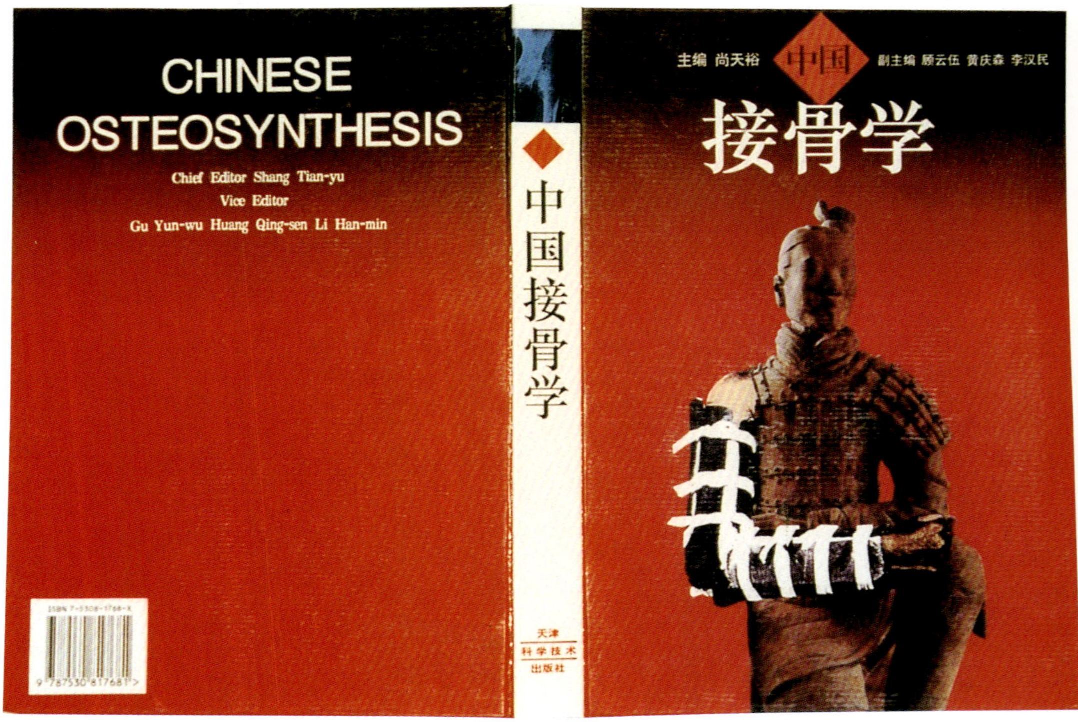


封面

封面

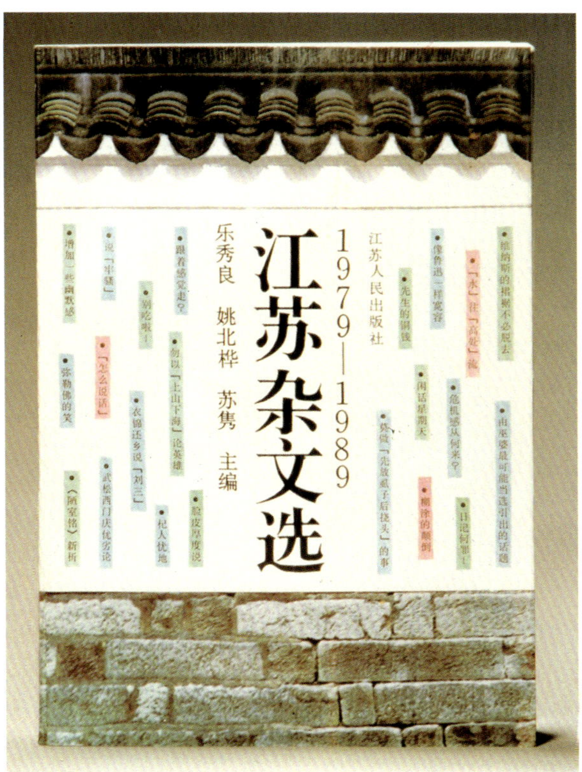


封面

装　帧　杨华如
书　名　居延新简
出版者　中华书局

装　帧　汤慧丽
书　名　江苏杂文选
出版者　江苏人民出版社

**居延新简**

庄子云："淡然无极，而众美从之。"在平淡与虚灵的形与色中，营造无限深邃的文化底蕴；以清丽柔美的视觉效果烘托出一片虚静恬淡的心境。《居延新简》设计者为读者精心经营了一个宁静而美丽的视觉空间：温文尔雅的色彩，朦胧中显现的竹简，清丽和谐的书籍函套，以及函套内庄重而敦厚的内封设计……这一切的色，一切的形，都是以"尽意莫若象"的手法来表达书籍的文化内涵，以形、色为"神之化身"来表达书籍之神韵。有了如此传神的形与色，这本书就倍显博大精深了。

中国的艺术历来讲究"文如其人，画如其人"，其实，中国的装帧艺术也是如此，尤其是为书籍搞装帧设计，更需要设计者有广博的文化修养。《居延新简》设计者就是将自己对书籍内容的理解，通过形与色的语言，调动设计诸要素，转化为书籍装帧的形态，而这个形态也正好显示出了设计者的学识与修养。

装　帧　邓中和
书　名　诡辩论
出版者　中国青年出版社

装　帧　于绍文
书　名　夜谭十记
出版者　人民文学出版社

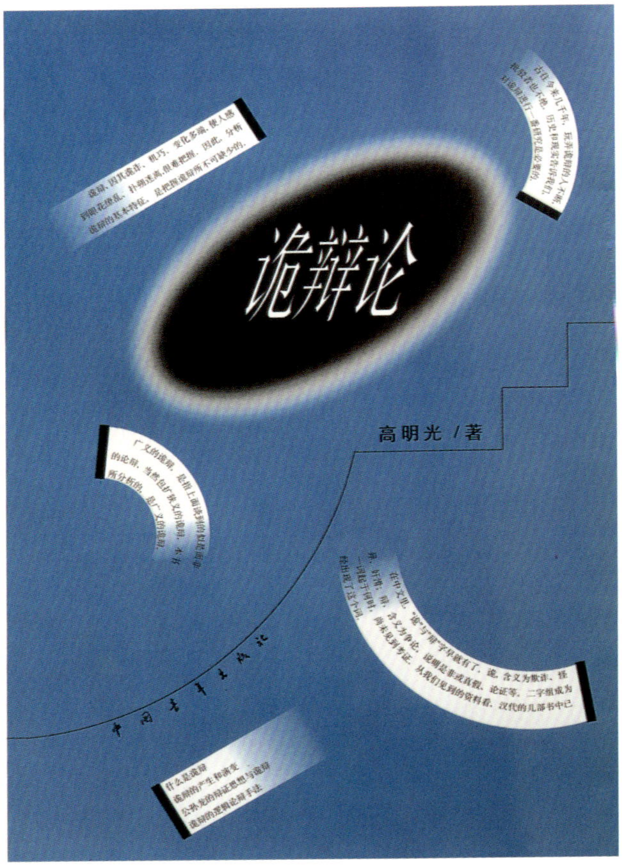

封面

**诡辩论**

西方现代美学家克莱夫·贝尔把“有意味的形式”认定为艺术品的基本性质。虽然贝尔的“有意味的形式”带有十分神秘的性质，但他的理论却给了艺术家，尤其是视觉艺术家艺术实践以宝贵的理论依据。

《诡辩论》的封面素雅大方的底色中，那转动的文字，犹如天上的彗星神秘而不可测；又像是变化多端的逻辑表达着左右逢源的寓意；形式与节奏的规律示意着理论的严密与高深，变化的图形排列得有序，象征着学术思维的严谨与清晰。这是视觉形式所产生的意味，是将外在的视觉刺激转化为无言的心理感受。在封面上，书名“诡辩论”三个宋体字，端庄地排列在椭圆形的黑色的谜团之上，既表达了诡辩的荒谬又使封面充满了书卷气。诡辩，是逻辑的颠倒，是概念的偷换，是因果的隐匿，是推理的混乱。《诡辩论》的封面，是以视觉形式语言表达对“诡辩”的感受，是将人们对“诡辩”转化为视觉的形式意味。

封面

**夜谭十记**

天然本色、平淡自然、语淡味隽、宁静清雅、朴素无华。窗外芭蕉、案头油灯、清茶香烟，人呢？是未到还是已散去？拙趣横生的书名不读内容，只这封面就已够人欣赏品味的了。而更为巧妙的是，窗沿上的天牛使静中有动的画面平添了几分生趣。

装　帧　韩济平
书　名　中国百年诗歌选
出版者　山东文艺出版社

装　帧　刘丰杰
书　名　现代装帧艺术
出版者　中国书籍出版社

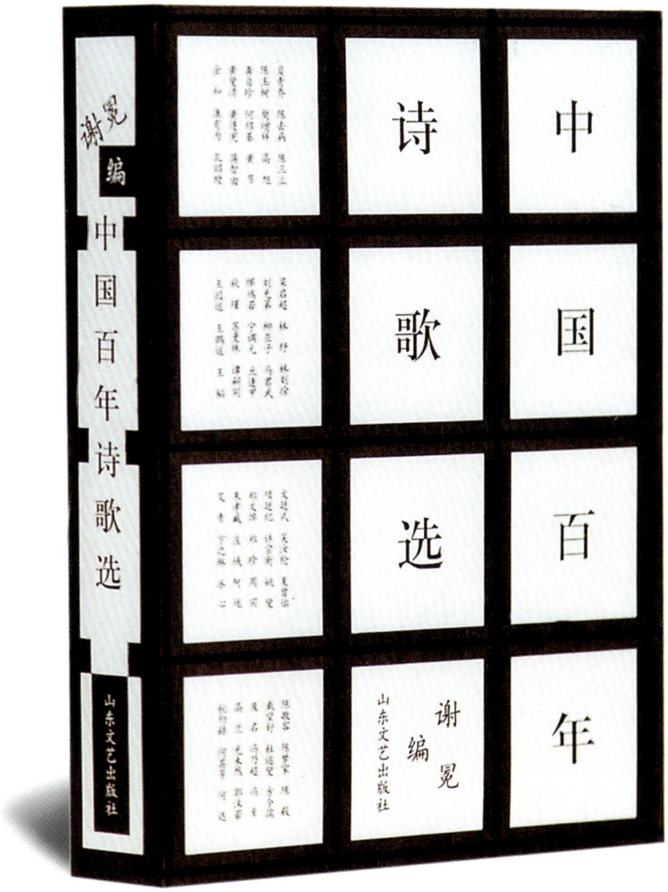


封面

封面

装　帧　郭伟星
书　名　汉语语言文字信息处理
出版者　上海教育出版社

装　帧　左建华
书　名　淑妃文绣的一生
出版者　百花文艺出版社

封面

封面

装　帧　耿志远
书　名　布老虎丛书——情爱画廊
出版者　春风文艺出版社

装　帧　耿志远
书　名　骗　枭
出版者　春风文艺出版社

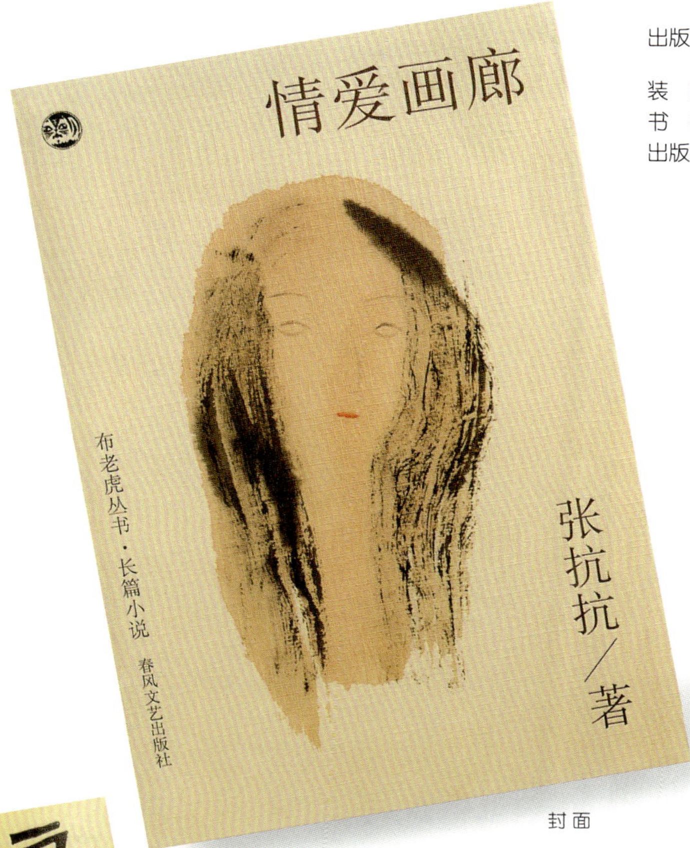


封面

封面

装　帧　包云鸠 黄　彦
书　名　胡适著译精品选
　　　　——短篇小说集
出版者　安徽教育出版社

装　帧　包云鸠 诸卫国
书　名　邓以蛰全集
出版者　安徽教育出版社

封面

封面

装　帧　刘筱元
书　名　萧红文集
出版者　安徽文艺出版社

封面

**萧红文集**

一座汉白玉雕塑，几朵萧红喜爱的红蔷薇像墓碑静静地散发着女性之美和萧瑟之感。它隐喻了女作家热烈的爱和悲凉、短暂的一生。

主图形产生了萧瑟与火红的强烈对比，它一下成了萧红的名字和她全部生命意义的视觉象征的符号。它像一部交响乐的主旋律贯穿在三卷书的封面中，每一卷主图形的背景又成了独立的乐章而凸现出个性的变奏：长篇小说集的背景给人长期积蓄，一吐为快的爆发力；中篇小说集的背景中那摇曳着的芦花仿佛给人浪漫的遐想；另集背景中秋的宁静却给人辉煌的余韵。封底主图形中的花朵已变成了飘洒的花雨，细微的变化又煽动了读者的情思。

歌德说，独创性的最好标志是使人们在艺术作品中能发现那么多自己压根儿也想不到的东西，这个设计不正是这样体现了吗？

D I Q I U J I A Y U A N
地球家园
青·少·年·环·保·科·普·读·本
山西教育出版社

封面

版式

DIQIU JIAYUAN
DIQIU JIAYUAN
地球家园
DIQIUJIAYUAN
SHANXI EDUCATION PRESS

环衬

MULU

版式

装　帧　王春声　韩湛宁
书　名　地球家园
出版者　山西教育出版社

装　帧　韩湛宁　王春声
书　名　黄河落天走山西
出版者　山西教育出版社

函套

封面

# 后记

H o u J i

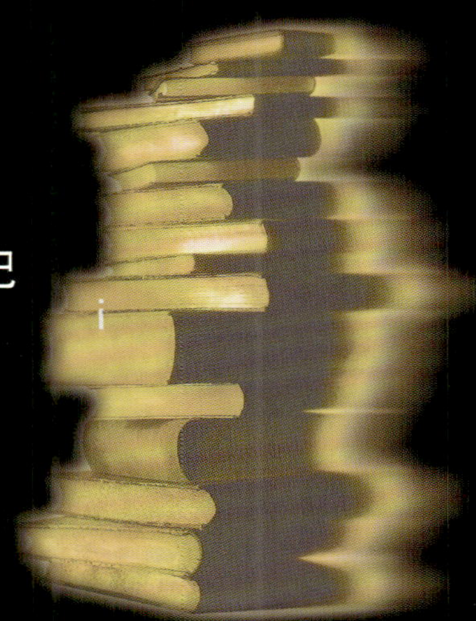

# 后记

HOUJI

《新中国书籍装帧艺术精萃》大型画册的出版正喜逢新千年来临之际，真可谓喜上加喜。画册较全面系统地展现了新中国装帧艺术50年来所走过的不平凡的历程和所取得的来之不易的成果。

早在10年前，中国出版工作者协会书籍装帧艺术委员会为了总结经验、展示成果和加强对外联系，就曾萌发过编辑出版这本画册的动议。然而，苦于经费等问题，这一动议一直未能付诸行动。

1997年，艺委会负责同志应邀来合肥出席华东地区装帧艺术年会，在与安徽教育出版社社长黄书元先生(现为安徽省新闻出版局副局长)交谈中又谈到了这个美好的夙愿，黄社长也是一位关注、支持装帧事业的热心人，大家可谓不谋而合。他立即拍定由双方合作出版这本画册，并表示“一定要出高档次的精品”。艺委会同志回京后立即向中国版协主席宋木文先生作了汇报，宋主席表示，“人家有这种精神，我们应该欢迎，应该高兴，应该支持。”

1998年初，艺委会领导召开了论证策划会，并责成常务副主任卫水山先生主抓画册的选编工作。同时又聘请了张进贤先生负责画册文字的编辑工作，王秀琴先生负责摄影、资料工作。黄社长还特别聘请了几位装帧、出版方面的专家、学者对画册作了认真的研究和审定。经过反复地推敲，决定撰写一篇简略而系统地介绍新中国书籍装帧50年发展历程的文章，让国内外读者更全面地了解新中国书籍装帧艺术发展的概况。同时对画册的部分作品进行必要的点评，以利于广大读者的鉴赏和学习。于是，艺委会请卫水山、邓中和、王众三位执笔完成。此时，恰逢京津历史上罕见的高温天气，但三位先生竟异口同声地欣然应诺了。令人感动，令人敬重。

中国出版工作者协会主席宋木文、常务副主席卢玉忆都曾多次关心画册的选编工作和编辑进度，主管艺委会的副秘书长张振启先生自始至终地协助工作，并解决了许多实际困难。艺委会主任张守义先生对画册的编辑工作十分重视，多次深入、细致地给予指导和帮助。特别值得一提的是该画册的征稿工作得到了全国装帧同仁的热情参与和踊跃赐稿。这一切增强了我们编好这本画册的决心和勇气。在《新中国书籍装帧艺术精萃》出版发行之际，谨向关心、指导、协助我们工作的各位领导和广大同仁表示深深的谢意，并恳请专家、学者、同行和爱书的人对我们的工作提出批评、指正。

编 者

2000年4月2日